中等职业教育"十三五"规划创新教材

COMPUTER

办公软件应用

BANGONG RUANJIAN YINGYONG

■主编 杨葳

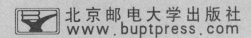
北京邮电大学出版社
www.buptpress.com

内容简介

本书以 Windows 7 为操作系统平台,主要介绍了 Office 2010 办公软件的基本功能,包括文字处理软件 Word 2010、电子表格处理软件 Excel 2010 和演示文稿软件 PowerPoint 2010 三部分内容。文字处理软件 Word 2010 主要包括文档编辑、格式排版、图文混排、表格制作的方法;电子表格处理软件 Excel 2010 主要包括图表编辑、计算、数据处理等方法;演示文稿软件 PowerPoint 2010 主要包括演示文稿的美化、播放、打包等。

本书可作为中等职业学校及大中专院校的学生用书,也可作为社会各界办公室人员的参考用书。

图书在版编目(CIP)数据

办公软件应用 / 杨葳主编. — 2 版. — 北京:北京邮电大学出版社,2016.6

ISBN 978-7-5635-4777-7

Ⅰ. ①办… Ⅱ. ①杨… Ⅲ. ①办公自动化-应用软件 Ⅳ. ①TP317.1

中国版本图书馆 CIP 数据核字(2016)第 120927 号

书　　名	办公软件应用
主　　编	杨葳
责任编辑	冀爱芳
出版发行	北京邮电大学出版社
社　　址	北京市海淀区西土城路 10 号　邮编 100876
经　　销	各地新华书店
印　　刷	北京市彩虹印刷有限责任公司
开　　本	787 mm×1 092 mm　1/16
印　　张	14
字　　数	331 千字
版　　次	2016 年 8 月第 2 版　2016 年 8 月第 1 次印刷
书　　号	ISBN 978-7-5635-4777-7
定　　价	32.00 元

如有印刷问题请与北京邮电大学出版社联系　电话:(010)62283578
E-mail:publish@bupt.edu.cn　　　　　　　　Http://www.buptpress.com

版权所有　　侵权必究

前　言

随着计算机的普及，Microsoft 公司的 Office 办公软件以其强大的功能、特有的优势得到人们的普遍认可，并在各个办公领域中得到广泛应用。本书旨在帮助读者快速掌握软件的使用方法，提高用计算机解决工作和生活中实际问题的能力。

本书介绍了 Office 2010 的基本功能，包括三方面内容。

第 1 章——文字处理软件 Word 2010，共七节，分别介绍了 Word 2010 的基本操作方法、文档的编辑、格式排版、图文混排、表格制作以及打印输出的方法。

第 2 章——电子表格处理软件 Excel 2010，共九节，分别介绍了 Excel 2010 的基本操作方法，工作表的操作方法，格式化工作表，在表格中插入图片、艺术字、文本框等操作方法，对 Excel 2010 强大的计算功能、处理数据功能以及制作数据图表进行了详细的介绍。

第 3 章——演示文稿软件 PowerPoint 2010，共五节，分别介绍了演示文稿的基本操作方法、幻灯片的基本操作方法、美化演示文稿的方法以及演示文稿的播放、打包处理方法等。

本书采用由浅入深的方法，对所涉及知识进行详细讲解，在讲解过程中将文字与图像结合起来，使读者更易于理解所讲内容。本书在一些章节后设计任务实例，通过对实例的操作分析及步骤说明，使读者进一步巩固所学内容，达到知识融会贯通的目的。

本书配有实例素材及最终效果素材，使读者更直观地了解应用知识产生的效果，以便于更好地应用到实践中。

由于编者编写时间仓促、水平有限，书中难免出现疏漏及考虑不周之处，恳请广大读者批评指正。

编　者
2016 年 7 日

目 录

第 1 章 文字处理软件 Word 2010 ··· 1
- 1.1 Word 2010 入门 ··· 2
- 1.2 Word 2010 的基本操作 ··· 5
- 1.3 文档的编辑 ··· 9
- 1.4 格式排版 ··· 16
- 1.5 图文混合排版 ··· 29
- 1.6 制作 Word 表格 ··· 47
- 1.7 设置页面与输出打印 ··· 65
- 综合练习 ··· 77

第 2 章 电子表格处理软件 Excel 2010 ··· 79
- 2.1 认识 Excel 2010 ··· 79
- 2.2 Excel 2010 的基本操作 ··· 85
- 2.3 工作表的基本操作 ··· 90
- 2.4 格式化工作表 ··· 113
- 2.5 在表格中插入图片、艺术字、文本框 ··· 128
- 2.6 计算数据 ··· 132
- 2.7 处理数据 ··· 143
- 2.8 制作数据图表 ··· 153
- 2.9 工作表的页面设置与打印输出 ··· 168
- 综合练习 ··· 177

第 3 章 演示文稿软件 PowerPoint 2010 ··· 178
- 3.1 认识 PowerPoint 2010 ··· 178
- 3.2 演示文稿的基本操作 ··· 180
- 3.3 幻灯片的基本操作 ··· 185
- 3.4 美化演示文稿 ··· 200
- 3.5 播放演示文稿 ··· 206
- 综合练习 ··· 218

第1章 文字处理软件Word 2010

Word 2010 是 Microsoft 公司开发的用于文字处理的软件，相较于 Word 2007 新增了很多功能。

1. 新增 SmartArt 图形图片布局

SmartArt 模块可以用来制作业务流程图，也可以利用图像或照片描述一项事物。在 Word 2010 中，该功能模块增加了大量新模板，使得制作过程更加轻松，效果更加完美。

2. 增加截屏工具

在 Word 2010 中，可以通过"插入"选项卡中的"屏幕截图"按钮，将屏幕截图，并将该截图轻松插入文档中。

3. 图片处理

在 Word 2010 中，可以不运行 Photoshop 等图片处理软件，通过简单的抠图操作，自动消除图片的不必要部分（如背景），从而使图片主题更为突出；还可以通过调整图片饱和度、色调、亮度、对比度、清晰度和模糊度等参数使图像更美观，更符合文档需要。

4. 协作办公

利用 Word 2010 可以实现多用户同时使用同一个文档，既可以对文档进行脱机修改，也可以将更改结果通过再次联机实现自动同步，从而大大提高了工作效率，加强了同事间的合作。

5. 保护模式

在"受保护的视图"中，打开文件时将禁止编辑。通过单击"启用编辑"按钮才可以进行更改。

6. 新增"导航窗格"和搜索功能

在 Word 2010 中，在主窗口左侧可以通过"视图"选项卡打开"导航窗格"，通过搜索关键字列出整篇文档关键字的位置，并且可以在"导航窗格"中查看该文档的所有页面缩略图，这一功能使得用户对长文档的浏览更加轻松。

1.1 Word 2010 入门

■ 知识储备

1.1.1 启动 Word 2010

常用的 Word 2010 的启动方法：

（1）单击"开始"按钮，在弹出的"开始"菜单中选择"所有程序"→"Microsoft Office"→"Microsoft Word 2010"命令，启动 Word 2010，进入工作界面。

（2）双击桌面上的 Word 2010 快捷方式图标。

（3）打开已有的 Word 文档，同时启动 Word 2010。

1.1.2 认识 Word 2010 的窗口界面

Word 2010 的窗口界面由标题栏、快速访问工具栏、功能区、垂直标尺、工作区、状态栏、滚动条、视图按钮、缩放滑块及水平标尺组成，如图 1-1-1 所示。

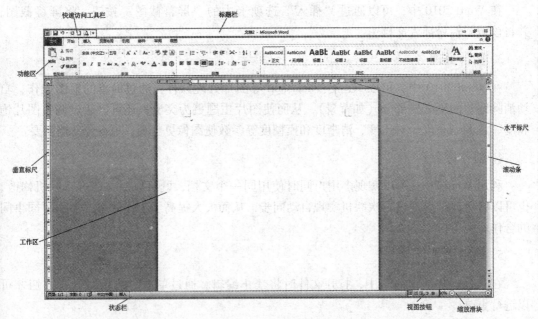

图 1-1-1 Word 2010 窗口界面

（1）标题栏：显示当前编辑的文档文件名，如图 1-1-1 所示，当前编辑的文档名为"文档 2"，标题栏右侧为最大化/还原按钮、"最小化"按钮和"关闭"按钮。

（2）快速访问工具栏：包括一些常用命令，如保存、撤销、恢复、打印预览和打印按钮。快速访问工具栏的常用命令及显示位置可以通过"自定义快速访问工具栏"按钮设定。例如，在自定义快速访问工具栏中添加"新建"按钮，则单击"自定义快速访问工具栏"按钮，在弹出的自定义快速访问工具栏菜单（图1-1-2）中勾选"新建"命令，如图1-1-3所示。

图1-1-2　自定义快速访问工具栏菜单　　　图1-1-3　在快速访问工具栏添加"新建"按钮

（3）功能区：由选项卡、选项组及相应的命令按钮组成，如"开始"选项卡中有"字体""段落"及"样式"选项组，每一个选项组中有常用的命令按钮，如图1-1-4所示。

图1-1-4　功能区组成

选项卡、选项组及选项组中的命令按钮的添加、修改和删除，可以单击"自定义快速访问工具栏"按钮，在自定义快速访问工具栏菜单中选择"其他命令"命令，在弹出的"Word选项"对话框中的选择"自定义功能区"命令，通过"新建选项卡""新建组"及"添加""删除"按钮完成，如图1-1-5所示。

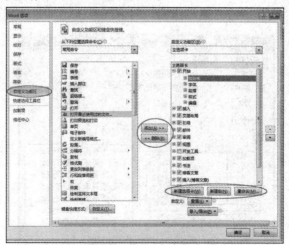

图1-1-5　选项卡、选项组及命令按钮的添加及删除

图 1-1-6 自定义状态栏菜单

(4) 工作区：主要用于文档内容的输入、编辑及排版。文档中输入的内容可以是文字、图片、形状、艺术字等。

(5) 状态栏：用于显示所编辑文档的相关信息，如文档的页数、字数、所用的语言，以及输入文字是插入还是改写状态等。要更改状态栏显示的信息，可以在状态栏上右击，在弹出的自定义状态栏快捷菜单中设置，如图 1-1-6 所示。

(6) 滚动条：分为水平滚动条和垂直滚动条。当工作区不能完全容纳要显示的内容时，在工作区的右侧或下方会出现滚动条，通过拖动滚动条浏览相关内容。

(7) 视图按钮：用于改变文档的浏览方式，包括页面视图、阅读版式视图、Web 版式视图、大纲视图和草稿五种方式。

页面视图：一种所见即为所得，以打印结果作为显示方式的视图效果。在这种视图模式下，可以设置页眉、页脚、分栏及页边距等参数。

阅读版式视图：便于在计算机屏幕上阅读文档，可以通过"视图选项"按钮设置每次阅读显示的页数，可以显示批注与更改等内容。

Web 版式视图：以网页的方式显示文档，可以方便用户制作 Web 网页。

大纲视图：以组织结构的方式显示文档，利用大纲工具能够折叠和展开文档标题层级，适合于长文档的浏览。

草稿：即普通视图，只显示正文、标题等内容，页眉、页脚、页边距等内容不显示，这种显示方式能节省计算机硬件资源，提高计算机的运行速度，是一种简洁方便的浏览模式。

(8) 缩放滑块：通过左右移动缩放滑块可以改变文档的显示比例，也可以单击"缩放级别"按钮 ，在弹出的"显示比例"对话框中进行调整，如图 1-1-7 所示。

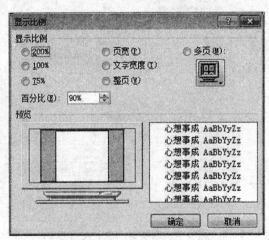

图 1-1-7 "显示比例"对话框

(9) 标尺：分为水平标尺和垂直标尺，可快速地设置段落缩进、制表位等，双击标尺可以进行页面设置。

1.1.3 退出 Word 2010

当结束文档编辑时，我们可以通过单击"文件"选项卡中的"退出"命令退出 Word 2010 程序，如图 1-1-8 所示，也可以单击标题栏上的"关闭"按钮，关闭所有 Word 文档后退出。

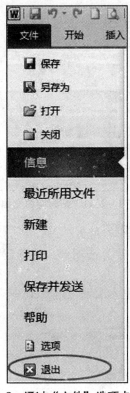

图 1-1-8 通过"文件"选项卡退出程序

1.2 Word 2010 的基本操作

■ 知识储备

1.2.1 新建文档

新建文档可以创建空白文档，也可以根据模板创建新文档，在 Word 2010 中提供了很多模板，如博客文章、书法字帖、样本模板，可以根据这些模板创建所需要的文档，再添加实际内容。

1. 新建空白文档的操作步骤

如图1-2-1所示，单击"文件"选项卡→"新建"→"空白文档"→"创建"按钮，也可以按 Ctrl+N 组合键，新建空白文档。

图1-2-1　新建空白文档

2. 根据模板新建文档的操作步骤

如图1-2-2所示，单击"文件"选项卡→"新建"→"样本模板"按钮，选择所用的模板，单击"创建"按钮。

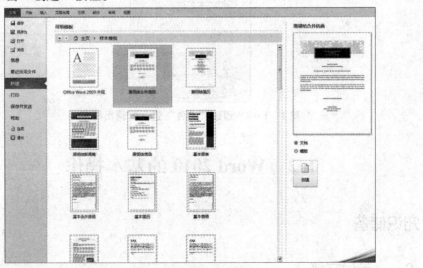

图1-2-2　根据模板新建文档

1.2.2　输入文档内容

新建文档以后，就可以输入文档的内容了，在输入内容之前首先要确定插入点（即插入文档内容的位置）。在文档中，在需要插入内容的位置处单击，出现一个黑色闪烁竖线（｜），即确定了插入点。插入点确定后即可输入文档内容。当文档中需要插入特殊符号时，如Ⅳ、℃、≥等键盘上没有的符号时，选择"插入"选项卡→"符号"命令按钮，选择"其他符号"命令，在弹出的"符号"对话框中选择所需符号，单击"插入"按钮，最后单击"关闭"按钮，关闭窗口即可，如图1-2-3和图1-2-4所示。

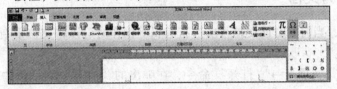

图1-2-3 插入符号

图1-2-4 "符号"对话框

1.2.3 保存文档

保存文档分为"保存"和"另存为"两种方式。对于新建文档二者相同；对于已经存在的文档，在修改后，如果要保存新、旧两个版本，则需要选择"另存为"命令，如只保存新版本则选择"保存"命令（图1-2-5）或按 Ctrl+S 组合键。

1. 保存文档的操作步骤

选择"文件"选项卡→"保存"命令，弹出"另存为"对话框（图1-2-6），选择保存文件的路径后，输入文件名，然后单击"保存"按钮。

图1-2-5 保存文件　　　　图1-2-6 "另存为"对话框

2. "另存为"的操作步骤

"另存为"的操作步骤与"保存"基本相同,只是选择"文件"选项卡→"另存为"命令。

1.2.4 打开文档

文档保存后,当需要对该文档再次进行编辑等操作时可以将文档重新打开,打开文档的操作步骤如下:

选择"文件"选项卡→"打开"命令,在弹出的"打开"对话框中选择要打开的文档,然后单击"打开"按钮,如图 1-2-7 和图 1-2-8 所示。

图 1-2-7 打开文件

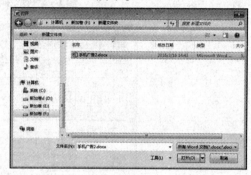

图 1-2-8 "打开"对话框

1.2.5 关闭文档

当完成文档编辑并保存后,可以选择"文件"选项卡→"关闭"命令,关闭 Word 文档,如图 1-2-9 所示。

图 1-2-9 关闭文档

任务设计

实例 1

新建一个文件名为"通知"的文档,内容如下:

通知

今天下午两点全体员工在第一会议室开会。

办公室

2015. 8. 25

任务分析

本任务要求新建一个 Word 文档，并输入相应的内容，保存后退出。通过本任务的练习，要求掌握新建文档、输入文字、保存文档、关闭文档的操作方法。

任务实现

操作步骤如下：

（1）启动 Word 2010，单击"文件"选项卡→"新建"→"空白文档"→"创建"按钮，新建空白文档。

（2）输入如下文字：

通知

今天下午两点全体员工在第一会议室开会。

办公室

2015. 8. 25

（3）保存。选择"文件"选项卡→"保存"命令，在弹出的"另存为"对话框中选择存储位置为"文档"，输入文件名"通知"，单击"保存"按钮，如图 1-2-10 所示。

图 1-2-10　保存文件"通知. docx"

（4）选择"文件"选项卡→"关闭"命令，关闭文档。

1.3　文档的编辑

知识储备

1.3.1　选取文字

对文字进行编辑前要选取相应的文字，根据选取的对象不同，操作方法也有所区别。

(1)选取任意文字。在被选择文本的开始处单击并按住鼠标左键,一直拖动到选择内容的结尾处释放鼠标左键,如图1-3-1所示。

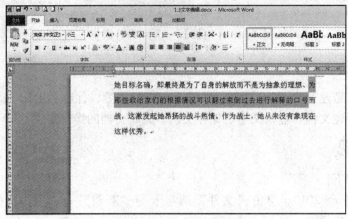

图1-3-1 选取任意文字

(2)选取单词。在单词处双击,如图1-3-2所示。

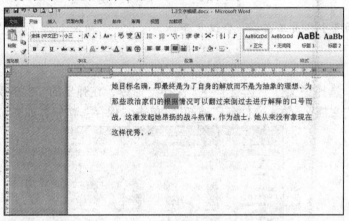

图1-3-2 选取单词

(3)选取一行文字。将鼠标指针放在选定行左侧空白处,当鼠标指针变成⊿时,单击,如图1-3-3所示。

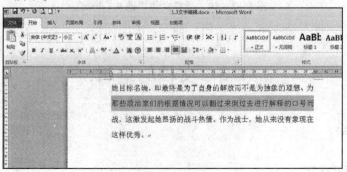

图1-3-3 选取一行文字

（4）选取一段文字。将鼠标指针放在选定段落左侧空白处，当鼠标指针变成⇗时，双击，或者在段落中任意位置三击鼠标左键，如图1-3-4所示。

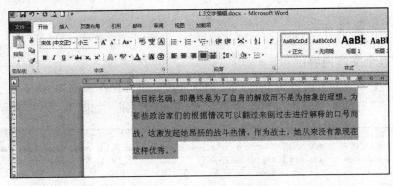

图1-3-4　选取一段文字

（5）选取全部文档。将鼠标指针放在文档左侧空白处，当鼠标指针变成⇗时，三击鼠标左键，或者按Ctrl+A组合键，或者选择"开始"选项卡→"编辑"→"选择"→"全选"命令，如图1-3-5所示。

图1-3-5　"选择"下拉列表

（6）选取不连续的多个文本内容。先选取第一部分文本内容，再按住Ctrl键拖动鼠标选中其他的文本内容，如图1-3-6所示。

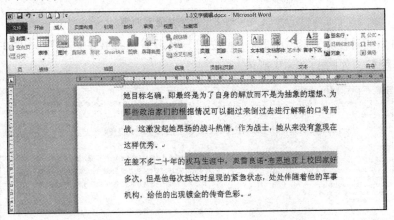

图1-3-6　选取不连续的多个文本内容

（7）撤销选取内容。在选区外任意位置单击。

1.3.2 查找与替换文字

1.3.2.1 查找

1. 查找某个文本内容

查找某个文本内容，可以用"查找"命令完成，具体操作步骤如下：

(1) 单击"开始"选项卡→"编辑"→"查找"按钮，如图1-3-7所示。

图1-3-7 查找命令

(2) 窗口左侧弹出"导航"任务窗格，在搜索框内输入要查找的文字，则在任务窗格中显示包含查找内容的所有句子，并在文本中以黄色标记显示所查找的内容，如图1-3-8所示。

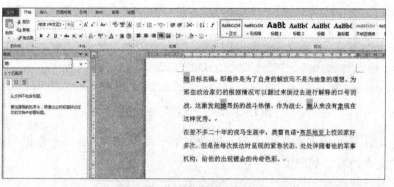

图1-3-8 查找并显示内容

(3) 可以通过任务窗格中的 ▲ ▼ 按钮，确定需要查找的匹配项，并在文本中定位到相应的匹配项，如图1-3-9所示。

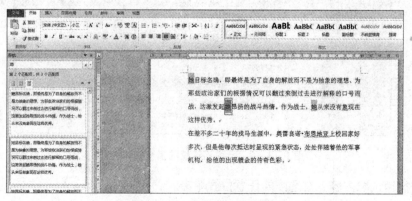

图1-3-9 查找并定位匹配项

2. 取消查找内容

要取消查找内容，可以单击"导航"任务窗格搜索框右侧的按钮，如图 1 – 3 – 10 所示。

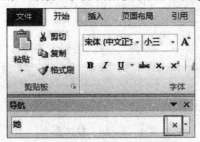

图 1 – 3 – 10　取消查找内容

3. 一处一处查找所需内容

（1）如图 1 – 3 – 11 所示，选择"开始"选项卡→"编辑"→"查找"→"高级查找"命令。

图 1 – 3 – 11　高级查找命令

（2）如图 1 – 3 – 12 所示，在弹出的"查找和替换"对话框中输入要查找的文字，单击"查找下一处"按钮。

图 1 – 3 – 12　"查找和替换"对话框

（3）也可以查找带有格式的文字，或确定查找范围，此时需要单击"更多"按钮，根据需要设置相应的参数，如图 1 – 3 – 13 所示，然后单击"查找下一处"按钮。

图 1 – 3 – 13　查找带格式的文字

1.3.2.2 替换

在编辑文档时,有时需要将多个相同的内容替换成另外一个内容,此时可以用替换命令来完成,具体操作步骤如下:

(1) 单击"开始"选项卡→"编辑"→"替换"按钮,如图1-3-14所示。

图1-3-14 替换命令

(2) 在弹出的"查找和替换"对话框中,输入查找内容和替换内容(图1-3-15),可以单击"全部替换"按钮完成整个文档的替换,也可以单击"替换"按钮,完成某一个内容的替换。(注:要替换带格式的文字,也可以单击"更多"按钮展开更多选项。)

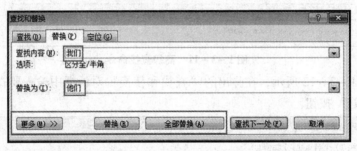

图1-3-15 "查找和替换"对话框

1.3.3 复制与移动文字

1. 复制文字内容

当需要在文档的其他位置重复一份完全一样的文本内容时,可以使用复制、粘贴命令完成,具体操作步骤如下:

(1) 选取需要复制的文字内容。

(2) 按Ctrl+C组合键或者单击"开始"选项卡→"剪贴板"→"复制"按钮;也可右击,在弹出的快捷菜单中选择"复制"命令。

(3) 在文档中要粘贴文本的位置处单击确定插入点。

(4) 按Ctrl+V组合键或者单击"开始"选项卡→"剪贴板"→"粘贴"按钮,当需要设置其他粘贴形式时,可以单击在"粘贴"下方的下三角按钮,在下拉列表中选择"选择性粘贴"命令,如图1-3-16所示。在弹出的"选择性粘贴"对话框(图1-3-17)中设置所需的粘贴格式;也可右击,在弹出的快捷菜单中的"粘贴选项"中选择适当的格式进行粘贴。

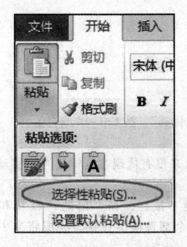
图 1-3-16 "选择性粘贴"命令

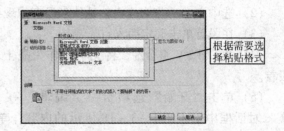
图 1-3-17 "选择性粘贴"对话框

2. 移动文字内容

将文字内容移到另一个位置时,操作步骤如下:

(1) 选取需要移动的文字内容。

(2) 按 Ctrl + X 组合键或者单击"开始"选项卡→"剪贴板"→"剪切"按钮;也可以右击,在弹出的快捷菜单中选择"剪切"命令。

(3) 在文档中要粘贴文本的位置单击确定插入点。

(4) 按 Ctrl + V 组合键或者单击"开始"选项卡→"剪贴板"→"粘贴"按钮,当需要设置其他粘贴形式时,可以单击在"粘贴"下方的下三角按钮,在下拉列表中选择"选择性粘贴"命令,在弹出的"选择性粘贴"对话框中设置所需的粘贴格式;也可以右击,在弹出的快捷菜单中的"粘贴选项"中选择一种格式进行粘贴。

■ 任务设计

实例 2

以"1.3 文件编辑.docx"为素材做如下操作:

(1) 将"作为战士,她从来没有像现在这样优秀"移动到段首。

(2) 将文中所有"她"改成"他",将"名确"改为"明确"。

最终效果如下:

作为战士,他从来没有像现在这样优秀。他目标明确,即最终是为了自身的解放而不是为抽象的理想、为那些政治家们的根据情况可以翻过来倒过去进行解释的口号而战,这激发起他昂扬的战斗热情。在差不多二十年的戎马生涯中,奥雷良诺·布恩地亚上校回家好多次,但是他每次抵达时呈现的紧急状态,处处伴随着他的军事机构给他的出现镀金的传奇色彩。

■ 任务分析

本任务通过剪切和粘贴命令完成文字的移动,通过"查找和替换"命令完成将"她"字换成"他"字。通过本任务的练习,要求读者掌握选取文字、查找与替换及复制与移动文字的操作方法。

任务实现

操作步骤如下：

(1) 打开"1.3 文件编辑.docx"。

(2) 选中文本"作为战士，她从来没有像现在这样优秀"，按 Ctrl + X 组合键。

(3) 在段首单击确定插入点。

(4) 按 Ctrl + V 组合键，将文本"作为战士，她从来没有像现在这样优秀"移动到段首。

(5) 单击"开始"选项卡→"编辑"→"替换"按钮，在弹出的"查找和替换"对话框中输入图 1 – 3 – 18 所示的内容，单击"全部替换"按钮，完成将文中所有的"她"替换为"他"。

图 1 – 3 – 18　用"他"字替换"她"字

(6) 单击"开始"选项卡→"编辑"→"替换"按钮，在弹出的"查找和替换"对话框中输入图 1 – 3 – 19 所示的内容，单击"替换"按钮，将"名确"改为"明确"。

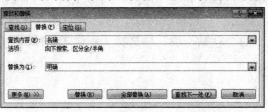

图 1 – 3 – 19　将"名确"改为"明确"

1.4　格式排版

知识储备

1.4.1　字符排版

为了使 Word 文档更为美观，不仅可以进行文字的字体、字号、颜色等基本设置，而且可以给字符添加下画线、边框、底纹等，这些操作都是在"字体"选项组中完成的，如图 1 – 4 – 1 所示。

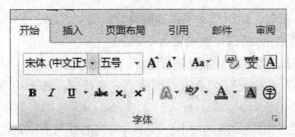

图1-4-1 "字体"选项组

宋体(中文正)：单击右侧的下三角按钮，在下拉列表中选择所需字体。

五号：单击右侧的下三角按钮，在下拉列表中选择字号，也可在文本框中直接输入数值，初号至八号文字逐渐减小；输入1~1638，数值越大，文字越大。

A˙："增大字体"按钮。

A˙："缩小字体"按钮。

Aa：更改大小写，可以单击右侧下三角按钮，在下拉列表中选择"句首字母大写""全部小写""全部大写""每个单词首字母大写""切换大小写""半角""全角"。

清除格式按钮，单击该按钮可以清除字符的所有格式，只留下文本内容。

拼音指南按钮，可以给文字标拼音。选定需增加拼音的文字后，单击该按钮，弹出"拼音指南"对话框，如图1-4-2所示。

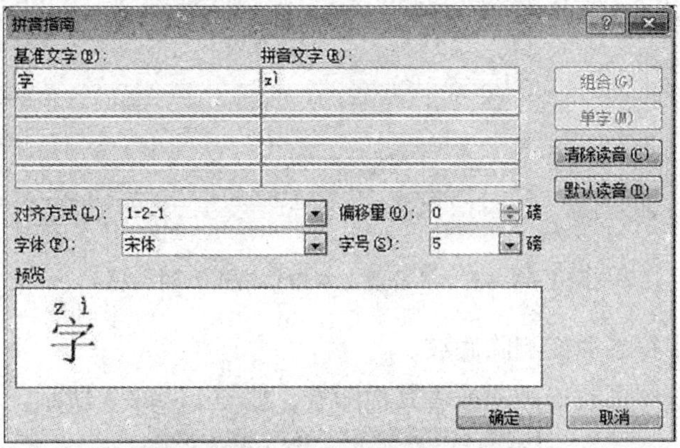

图1-4-2 "拼音指南"对话框

在该对话框中，可以设置拼音对齐方式、偏移量、字体、字号，设置后单击"确定"按钮，则在选定文字上方增加了拼音。再次单击"拼音指南"按钮，在弹出的"拼音指南"对话框中，单击"清除读音"按钮，可清除文字拼音。

A："字符边框"按钮，单击该按钮可以为选定的文字增加或删除边框。如果想调整边框的粗细及颜色，可单击"段落"选项组中的"边框和底纹"按钮进行设置。

B："加粗"按钮，使所选文字加粗。

I："倾斜"按钮，将所选文字设置为倾斜。

U："下画线"按钮，可以单击右侧的下三角按钮，在下拉列表中选择线型及下画线的颜色。

："删除线"按钮，给所选文字添加删除线。

："下标"按钮，将所选文字设置为下标。

："上标"按钮，将所选文字设置为上标。

："文字效果"按钮，可以单击右侧的下三角按钮，在下拉列表中选择轮廓、阴影、映像及发光效果。

：以不同颜色突出显示所选文本，可单击右侧的下三角按钮选择颜色。

：改变字体颜色，可以单击右侧的下三角按钮选择字体颜色，也可在下拉列表中选择"渐变"→"其他渐变"命令，在弹出的"设置文本效果格式"对话框中设置其他效果格式，如图1-4-3所示。

图1-4-3 "设置文本效果格式"对话框

：给所选字字符添加或删除底纹。

：在所选字符周围放置圆圈或者其他圈号，如图1-4-4所示。

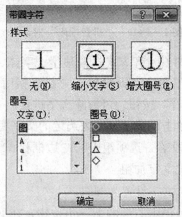

图1-4-4 "带圈字符"对话框

字体设置除了应用上述快捷按钮外,也可以单击"字体"选项组右侧的字体对话框启动器按钮,或按 Ctrl + D 组合键,在弹出的"字体"对话框中的"字体"选项卡中设置,还可以通过"高级"选项卡设置文字间距等,如图 1-4-5 和图 1-4-6 所示。

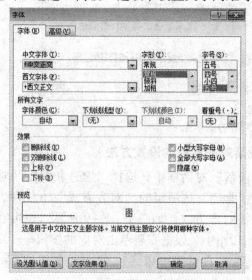
图 1-4-5 "字体"选项卡

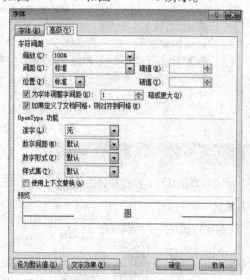
图 1-4-6 "高级"选项卡

1.4.2 段落排版

要使文档美观,不仅要对文字进行排版,而且要对段落进行设置。在 Word 文档中,以回车符号作为段落标记,每个段落后面都有一个回车符号。

单击"段落"选项组的段落对话框启动器按钮,弹出"段落"对话框,如图 1-4-7 所示。在"段落"对话框中,可以设置段落的间距、换行和分页以及中文版式。

1.4.2.1 段落对齐方式的设置

1. 段落对齐方式的区别

段落对齐方式分为左对齐、居中对齐、右对齐、两端对齐和分散对齐。左对齐指段落中各行文字都按左边边缘对齐。右对齐指段落中的各行文字都按右边边缘对齐。居中对齐指段落中各行文字以中间对齐。两端对齐指通过对段落每一行文字进行微调,使得每行左右两端均对齐,但段落最后一行文字较少时保持左对齐。当段落中各行文字(字符)数不相等时,采用两端对齐会使文档更美观。分散对齐是以左右边缘对齐,当最

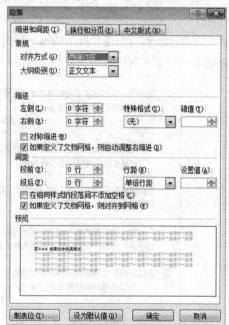
图 1-4-7 "段落"对话框

后一行字数较少时，增大字间距，使得两端对齐。各种对齐方式示范如图1-4-8所示。

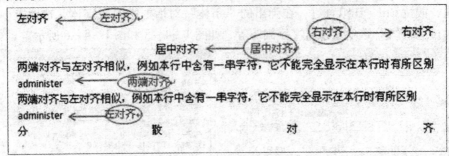

图1-4-8　各种对齐方式示范

2. 段落对齐方式的设置方法

在"段落"对话框中，选择"缩进和间距"选项卡，在"常规"选项组的"对齐方式"下拉列表中选择所需对齐方式，如图1-4-9所示。也可在"段落"选项组中，根据需要单击对应的按钮——左对齐按钮▤、右对齐按钮▤、居中对齐按钮▤、两端对齐按钮▤、分散对齐按钮▤。

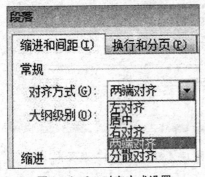

图1-4-9　对齐方式设置

1.4.2.2　缩进

缩进是指调整正文文本区域边界与页面边界的距离，分为左缩进、右缩进、首行缩进和悬挂缩进。左缩进是将选定的段落的文本左边界向右移动；右缩进是将选定段落的文本右边界整体向左移动；首行缩进是段落的第一行文本左边界向右移动，其他行不变；"悬挂缩进"是段落的第一行文本右边界向左移动，其他行不变。各种缩进格式示范如图1-4-10所示。

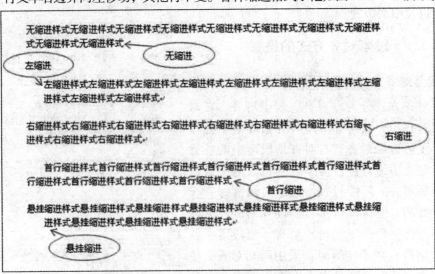

图1-4-10　各种缩进格式示范

设置缩进的方法如下：

1. 通过"段落"对话框进行设置

（1）选定或者将光标插入需要缩进的段落。

（2）单击段落对话框启动器按钮，在弹出的"段落"对话框中选择"缩进和间距"选项卡。

（3）在"缩进"选项组中选择设置缩进类型和缩进量，如图1-4-11所示。

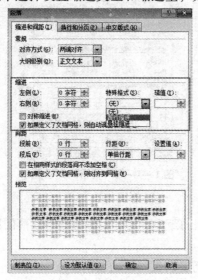

图1-4-11　缩进的设置方法

2. 利用"标尺"进行设置（图1-4-12）

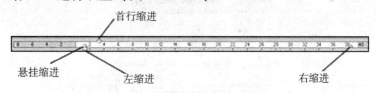

图1-4-12　标尺

（1）选定或将光标插入需要缩进调整的段落。

（2）根据需要选择标尺并拖动标尺调整缩进量。

3. 利用"增加缩进量"和"减小缩进量"按钮设置

（1）选定或将光标插入需要缩进调整的段落。

（2）单击"开始"选项卡→"段落"→"增加缩进量"按钮或"减少缩进量"按钮进行调整。

1.4.2.3　段落间距和行距的设置

1. 段落间距的设置

段落间距指段落与段落之间的距离，可以通过"段落"对话框设置。设置方法如下：

(1) 选定或将光标插入需要调整间距的段落。

(2) 在"段落"对话框中选择"缩进和间距"选项卡，根据需要在段前或段后输入设置的距离。段前指选定段的首行与前一段最末一行之间的距离；段后指选定段末行与后一段首行之前的距离，如图1-4-13所示。

图1-4-13　段落间距设置

2. 行距设置

行距指段落中行与行之间的距离，它的设置方法与段落间距的设置方法相似，设置方法如下：

(1) 选定或将光标插入需要调整间距的段落。

(2) 在"段落"对话框中选择"缩进和间距"选项卡，在"行距"下拉列表中选择行距值，也可以设定固定值，在后面"设置值"文本框中输入设置的数值，如图1-4-14所示。

图1-4-14　设置行距的方法

1.4.2.4　格式刷和样式的使用

在文档中，当不同文本需要反复设置同一格式时，应用格式刷或者样式来设置可以大大提高工作效率。

1. 格式刷

格式刷具有复制格式的功能，可以快速将指定段落或文本格式沿用到其他段落或文本上，它的使用方法如下：

（1）选定已经设置好格式的文本块或段落。

（2）单击"开始"选项卡→"剪贴板"→"格式刷"按钮，鼠标指针变为刷子形状。

（3）在需要复制格式的文本开始处，按住鼠标左键拖曳格式刷至结尾处，改变目标文本格式。

2. 样式

样式相较于格式刷更加全面，它不仅可以像格式刷一样设置指定文本段落的格式，还可以调整不同层次的标题、正文内容以及段落间距等。通过"开始"选项卡中的"样式"选项组，不但可以新建样式，还可以对原有样式进行更改。

（1）新建样式。

①单击"开始"选项卡→"样式"→样式对话框启动器按钮，弹出"样式"窗格，如图 1-4-15 所示。

图 1-4-15 "样式"窗格

② 单击"样式"窗格中的"新建样式"按钮，在弹出的"根据格式设置创建新样式"对话框中设置样式的名称、样式类型，选择样式基准，设置后续段落样式，对新样式设置格式，单击"确定"按钮，如图1-4-16所示。

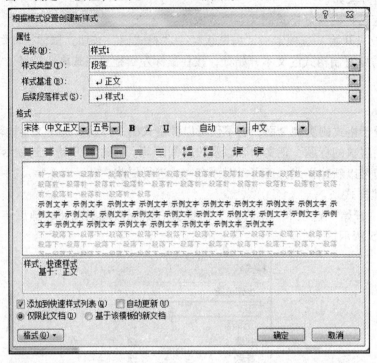

图1-4-16 "根据格式设置创建新样式"对话框

（2）应用样式。

① 选定要应用样式的文字或者段落。

② 选择"开始"选项卡，在"样式"选项组的样式选择框中选择要应用的样式，如图1-4-17所示。

图1-4-17 样式选择框

1.4.2.5 边框和底纹

为了使文档更加美观，突出重点，可以给段落或文字添加边框及底纹效果，具体操作步骤如下：

1. 添加边框

（1）选择需要添加边框的文字或段落，单击"开始"选项卡→"段落"→"边框和底纹"按钮 ，弹出"边框和底纹"对话框，如图1-4-18和图1-4-19所示。

图1-4-18 "边框和底纹"按钮

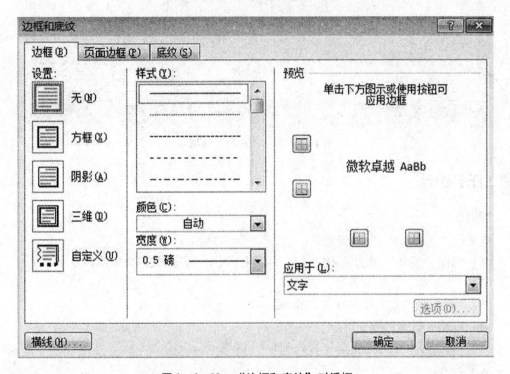

图1-4-19 "边框和底纹"对话框

（2）在"边框和底纹"对话框中，选择"边框"选项卡，设置"边框"类型，选择"边框"样式、"边框"颜色及"边框"宽度。如果给文字添加边框，则在"应用于"下拉列表中选择"文字"；如果给段落添加边框，则选择"段落"。

2. 添加底纹

（1）选择需要添加底纹的文字或段落，单击"开始"选项卡→"段落"选项组中的"边框和底纹"按钮 ，弹出"边框和底纹"对话框。

（2）选择"底纹"选项卡，设置填充颜色及图案样式。如果给文字添加底纹，则在"应用于"下拉列表中选择"文字"；如果给段落添加底纹，则选择"段落"，如图1-4-20所示。

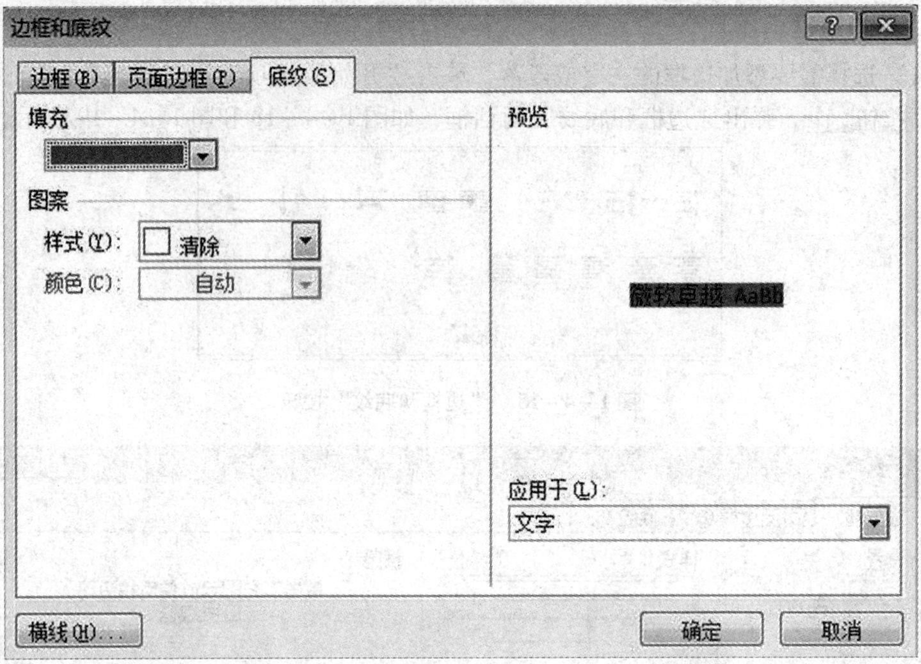

图1-4-20 "底纹"选项卡

任务设计

实例3

将文档"通知.docx"排版如下：
(1) 标题"通知"设为宋体二号字，加粗，居中，其他文本为宋体四号字。
(2) "下午两点"加着重号。
(3) "第一会议室"设为红色、倾斜。
(4) 段落首行缩进两字符。
(5) "办公室"右缩进8.5字符，"日期"右缩进7字符。

效果如下：

通知

今天下午两点全体员工在第一会议室开会。

办公室

2015．8．25

任务分析

通过本任务的练习，使读者熟练掌握字体设置中字号、着重号及字体颜色的设置方法，掌握段落设置的操作方法。

任务实现

操作步骤如下:
(1) 选择标题"通知"。
(2) 选择"开始"选项卡,将字体设为"宋体",字号设为"二号",单击"加粗"及"居中"按钮,如图1-4-21所示。

图1-4-21 设置标题格式

(3) 选择其他文本,设置为宋体四号字,设置方法同上。
(4) 选择文本"下午两点",单击字体对话框启动器按钮,在弹出的"字体"对话框中设置着重号,如图1-4-22所示。

图1-4-22 设置着重号

(5) 选择文本"第一会议室",单击"倾斜"按钮,单击"字体颜色"右侧的下三角按钮,选择红色,如图1-4-23所示。

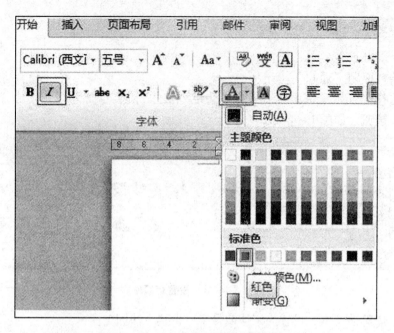

图1-4-23 设置倾斜及字体颜色

（6）选择段落，单击段落对话框启动器按钮，在弹出的"段落"对话框中设置首行缩进，如图1-4-24所示。

（7）选择段落"办公室"，在"段落"对话框中设置右缩进"8.5字符"，如图1-4-25所示；选择"2015.8.25"，在"段落"对话框中设置右缩进"7字符"。

图1-4-24 设置首行缩进

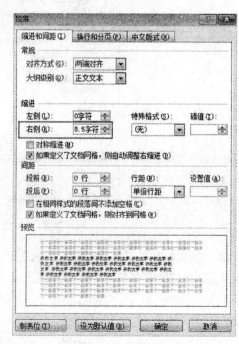

图1-4-25 设置右缩进

1.5 图文混合排版

■ 知识储备

1.5.1 插入及设置图片

Word 2010 强大的图片处理功能，可以使文本文档达到图文并茂的效果，从而提高人们的阅读兴趣。文档中除了可以插入 Word 2010 自带的图片库中的图片外，还可以插入用户自己的图片，具体操作方法如下：

1. 插入剪贴画

（1）将光标放在需要插入图片的位置，单击确定插入点。

（2）单击"插入"选项卡→"插图"→"剪贴画"按钮，如图 1-5-1 所示。

图 1-5-1 "剪贴画"按钮

（3）在"剪贴画"任务窗格的"搜索"文本框中输入描述所需剪贴画的单词或词组，如"建筑""植物"等，单击"搜索"按钮；也可以直接单击"搜索"按钮，显示全部剪贴画，如图 1-5-2 所示。

（4）单击需要插入的剪贴画，则剪贴画被插入文档中。

2. 插入本地计算机中的图片

（1）在需要插入图片处单击，确定插入点。

（2）单击"插入"选项卡→"插图"→"图片"按钮，如图 1-5-3 所示。

图1-5-2 "剪贴画"任务窗格

图1-5-3 "图片"按钮

（3）在弹出的"插入图片"对话框中选择需要插入的图片，如图1-5-4所示。

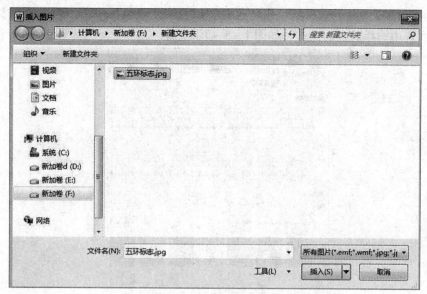

图1-5-4 "插入图片"对话框

(4)单击"插入"按钮,即可插入图片。

3. 设置图片格式

插入图片后,为了使文档版式更加美观,需要对图片的亮度、大小、样式进行设置,这些都可以通过"图片工具-格式"选项卡中的按钮完成。在调整前首先选中图片,选择"图片工具-格式"选项卡,调出设置图片格式的工具按钮,如图1-5-5所示。

图1-5-5 设置图片格式的工具按钮

(1)调整图片"锐化和柔化"或"亮度和对比度"。单击"更正"按钮,在展开的下拉列表中选择适合的样式,如图1-5-6所示。

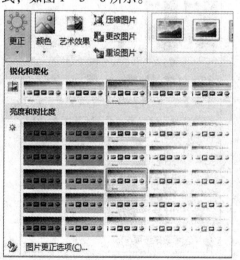

图1-5-6 调整图片"锐化和柔化""亮度和对比度"

（2）调整图片"颜色饱和度"或"色调"以及图片着色。单击"颜色"按钮，在展开的下拉列表中选择适合的样式，如图1-5-7所示。

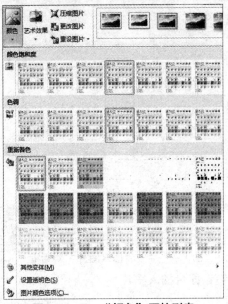

图1-5-7 "颜色"下拉列表

（3）调整图片艺术效果。单击"艺术效果"按钮，在展开的下拉列表中选择适合的样式，如图1-5-8所示。

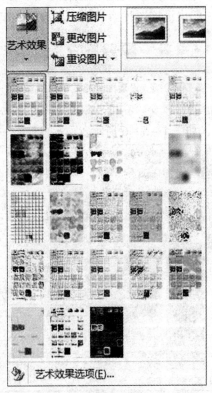

图1-5-8 "艺术效果"下拉列表

(4) 调整图片样式。可以在"图片样式"选项组设置图片边框、图片效果和图片版式，如图1-5-9所示。

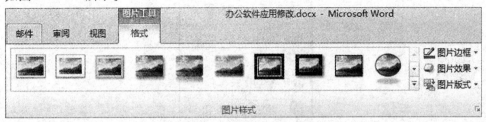

图1-5-9 "图片样式"选项组

(5) 图片位置的调整。可以通过单击"位置"按钮或者"自动换行"按钮来调整图片与文本之间的位置以及图片在文档中的位置，如图1-5-10和图1-5-11所示。

 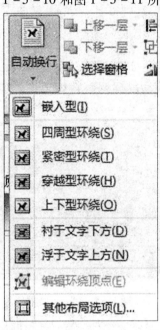

图1-5-10 "位置"下拉列表　　　　图1-5-11 "自动换行"下拉列表

(6) 调整图片大小。对插入文档中的图片可以通过调整"大小"选项组的形状高度和形状宽度重新设置图片大小，使文档更加美观，如图1-5-12所示。

图1-5-12 调整图片大小

(7) 修剪图片多余的部分。通过"裁剪"按钮不仅可以修剪图片中多余的部分，而且可以将图片修剪成需要的形状以及按横纵比修剪等，如图 1-5-13 所示。

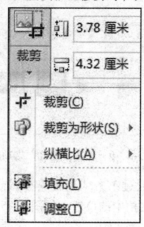

图 1-5-13 "裁剪"下拉列表

① 裁剪。选择图片，在"图片工具－格式"选项卡中单击"裁剪"按钮，出现裁剪控点后，拖动鼠标调整裁剪范围，单击"裁剪"按钮，如图 1-5-14 和图 1-5-15 所示。

图 1-5-14 选择原图　　　　　图 1-5-15 拖动控点后的裁剪效果

② 将图片裁剪为形状。选择图片，在"图片工具－格式"选项卡中单击"裁剪"按钮下侧的下三角按钮，在下拉列表中选择"裁剪为形状"级联菜单中的形状，即将图片裁剪为设定形状，如图 1-5-16 和图 1-5-17 所示。

图 1-5-16 图片原图（一）　　　图 1-5-17 将图片裁剪成椭圆形效果

③ 除以上两种常用的裁剪方式外，还可以在级联菜单中选择"纵横比"裁剪方式及

"填充""调整"裁剪方式,如图 1-5-18~图 1-5-20 所示。

图 1-5-18　图片原图（二）　　图 1-5-19　纵横比 1∶1 裁剪　　图 1-5-20　调整方式裁剪

(8) 图片方向调整。选中图片后,通过单击"排列"选项组的"旋转"按钮选择旋转方式及角度。

1.5.2　插入及设置艺术字

有时设计一篇文稿,需要将文档中的文本文字进行变形,使其更加醒目,这一效果可以通过插入艺术字功能实现。在 Word 中有自带的艺术字库,用户可以在其中选择需要的艺术字样式,达到文档设计的要求。

1. 插入艺术字的方法

(1) 单击"插入"选项卡→"文本"→"艺术字"按钮,如图 1-5-21 所示。

图 1-5-21　"艺术字"按钮

(2) 在下拉列表中选择艺术字样式,如图 1-5-22 所示。

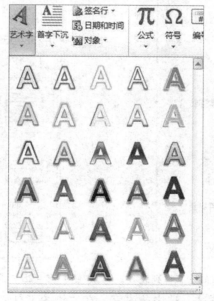

图 1-5-22　艺术字样式

(3) 将"请在此放置您的文字"删除,输入相应文字,如图 1-5-23 和图 1-5-24 所示。

图 1-5-23　插入艺术字后显示文字 　　　图 1-5-24　输入文本"我的艺术字"

(4) 根据需要设置艺术字格式。

2. 设置艺术字的格式

(1) 艺术字的字体大小调整。选中艺术字中的文本文字,在"开始"选项卡"字体"选项组中,根据需要调整字号大小,达到需要的效果。

注意:艺术字文本选择是将鼠标光标放在艺术字形状框内,选中文字,此时艺术字边框为虚线,如图 1-5-25 所示。当选择整个艺术字设置艺术字样式时,需选择整个艺术字形状,在艺术字边框单击,此时边框为实线,如图 1-5-26 所示。

图 1-5-25　选中的艺术字边框为虚线 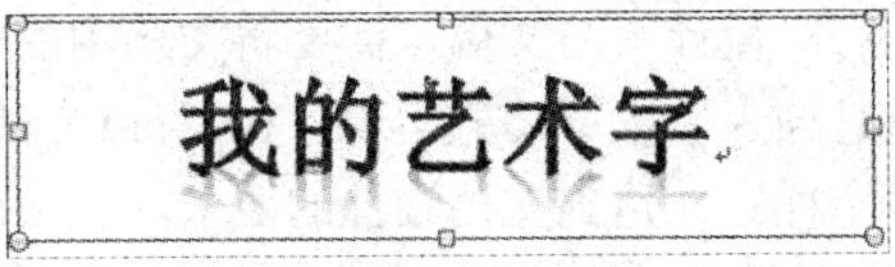　　　图 1-5-26　选中整个艺术字边框为实线

(2) 艺术字文本方向及文本对齐方式的设置。艺术字的文本方向可以通过"文字方向"按钮设置,文本对齐方式通过"对齐文本"按钮设置,如图 1-5-27 和图 1-5-28 所示。

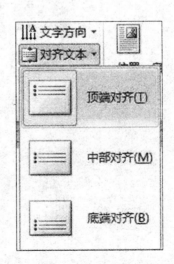

图 1-5-27　"文字方向"下拉列表　　　图 1-5-28　"对齐文本"下拉列表

(3) 设置艺术字字体样式。选中艺术字,在"绘图工具-格式"选项卡的"艺术字

样式"选项组中,通过"文本填充"按钮 可以设置艺术字的填充颜色,通过"文本轮廓"按钮 可以设置艺术字轮廓的颜色,通过"文本效果"按钮 可以设置艺术字的效果,如阴影、映射等,如图 1-5-29 所示。

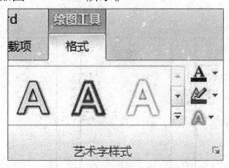

图 1-5-29 设置艺术字样式

（4）设置艺术字形状样式。选中艺术字,在"绘图工具 - 格式"选项卡的"形状样式"选项组中,通过"形状填充"按钮 可以设置形状填充颜色,通过"形状轮廓"按钮 可以设置形状轮廓颜色,通过"形状效果"按钮 可以设置形状效果,如阴影、映射、发光等,如图 1-5-30 所示。

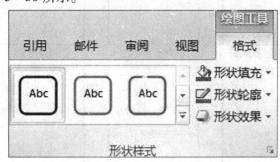

图 1-5-30 "形状样式"选项组

除以上设置外,还可以对艺术字的位置及艺术字的形状、大小进行设置,设置的方法与图片设置的方法基本相同,参照图片设置方法。

1.5.3 插入及设置文本框

为了使文档中的文本文字不受段落格式、页面设置等影响,使文字放在指定位置,Word 中提供了插入文本框这一功能。在 Word 2010 中,除了可以插入横排文本框和竖排文本框之外,还提供了文本框样式库,可以根据需要选择合适的文本框。

1. 插入文本框

（1）插入内置文本框。

① 单击"插入"选项卡→"文本"→"文本框"按钮,在内置文本框中选择所需类型的文本框,如图 1-5-31 所示。

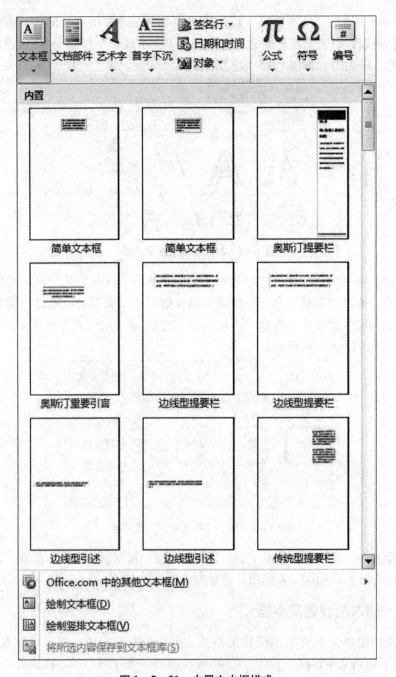

图1-5-31 内置文本框样式

② 输入文本框内文字。

（2）插入横排文本框。单击"文本框"下拉列表中的"绘制文本框"按钮，在需要插入文本框的位置按住鼠标左键，拖动鼠标至合适大小，释放鼠标后输入文字。

（3）插入竖排文本框。单击"文本框"下拉列表中的"绘制竖排文本框"按钮，在需要插入文本框的位置按住鼠标左键，拖动鼠标至合适大小，释放鼠标后输入文字。

2. 设置文本框

文本框的设置方法参见艺术字设置。

1.5.4 插入及设置自选图形

根据不同文档排版的需要，Word 提供了大量的自选图形，如线条、矩形、基本形状、箭头总汇、流程图及星与旗帜等形状，通过这些图形的插入，可以设置流程图、文档封面等。

1. **插入自选图形**

单击"插入"选项卡→"插图"→"形状"按钮，在展开的下拉列表中选择需要插入的形状，按住鼠标左键拖动鼠标，完成形状绘制，释放鼠标，如图 1-5-32 所示。

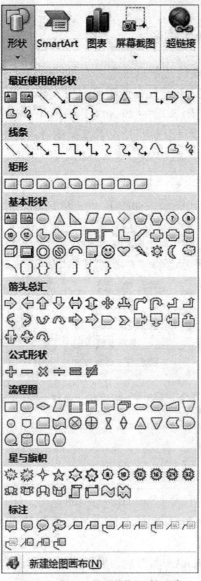

图 1-5-32 "形状"下拉列表

2. 设置自选图形

选中图形，可以对形状样式进行设置，如可以设置形状填充、形状轮廓以及形状效果，其设置方法参照艺术字的形状设置，如图1-5-33所示。

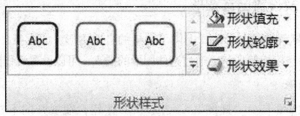

图1-5-33 自选图形的样式设置

1.5.5 插入SmartArt图形

SmartArt图形可以有效地传达信息或观点，我们可以从多种不同布局中进行选择，从而快速轻松地创建所需形式，与通过自选图形中插入自选图形来创建流程图等相比，更加便捷。在Word 2010中，利用新增的SmartArt图形图片布局，只需在图片布局图表的SmartArt形状中插入图片，就可以对照片或者其他图像进行更详尽的说明。

1. 插入SmartArt图形

（1）单击"插入"选项卡→"插图"→"SmartArt"按钮，在弹出的"选择SmartArt图形"对话框中选择SmartArt图形，如图1-5-34所示。

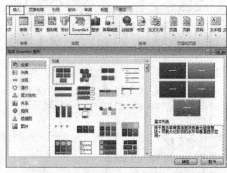

图1-5-34 "SmartArt"按钮及"选择SmartArt图形"对话框

（2）输入对应的内容。

（3）设置格式。

2. 设置SmartArt图形

插入SmartArt图形后，可以对SmartArt图形的布局、样式进行调整，也可以调整它的格式，这些都是在选中SmartArt图形后，通过"格式"选项卡来完成的。

（1）SmartArt图形设计。

① 布局的调整。插入SmartArt图形后，如果对布局不满意，可以通过"SmarArt工具-设计"选项卡中的"布局"选项组重新设置SmartArt图形，如图1-5-35所示。

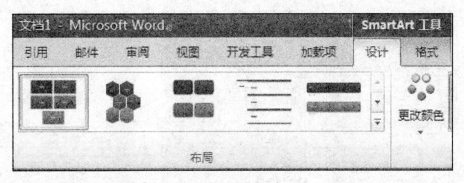

图 1-5-35　SmartArt 图形"布局"选项组

② 样式的调整。插入 SmartArt 图形后，可以选中 SmartArt 图形，在"SmartArt 工具 - 设计"选项卡"SmartArt 样式"选项组的"更改颜色"下拉列表（图 1-5-36）及"样式"下拉列表中选择适当的颜色及样式，对图形颜色及形状重新进行调整。

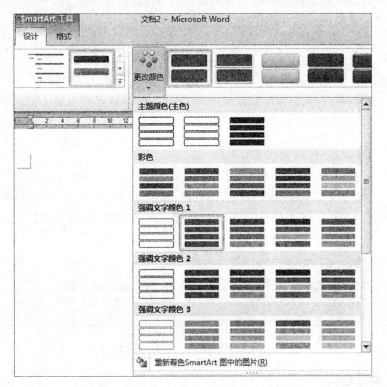

图 1-5-36　"更改颜色"下拉列表

③ 在图形前或该图形后增加形状以及调整所选图形的级别。选中 SmartArt 图形中的一个组成图形，在该图形前或该图形后增加新的形状，也可以调整它的位置及级别，如图 1-5-37～图 1-5-39 所示。

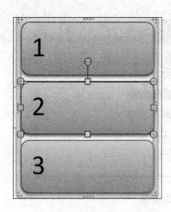 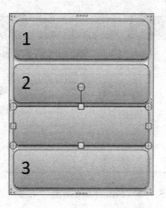 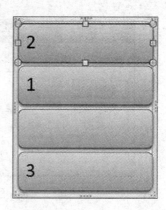

图1-5-37 选中"2"图形　　图1-5-38 添加形状　　图1-5-39 调整级别"上移"

（2）SmartArt图形格式的设置。SmartArt图形格式设置可以通过"SmartArt工具－格式"选项卡中各组按钮设置，设置的方法参照艺术字设置。

1.5.6　插入屏幕截图

在Word 2010中，可以插入屏幕截图，也可以通过单击"屏幕截图"按钮截取屏幕中任意位置，将截取的部分作为图片插入文档中，截图格式的设置方法与图片设置方法相同。

1.5.7　插入公式

Word作为被人们普遍应用的文档编辑软件，还有插入公式的功能。如图1-5-40所示，在"插入"选项卡的"符号"选项组中单击"公式"按钮，可以实现公式的插入功能。

图1-5-40　"公式"按钮

1. 插入常用公式

常用公式可以通过单击"公式"按钮下方的下三角按钮，在展开的下拉列表（图1-5-41）中选择需要的公式，然后应用"公式工具－设计"选项卡中的各功能按钮进一步设计公式。

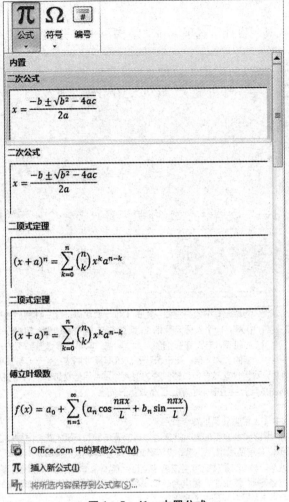

图 1-5-41 内置公式

2. 插入新公式

当需要插入一个在内置公式样式中不存在的公式时,需要选择"公式"下拉列表中的"插入新公式"命令,然后根据公式内容应用"公式工具 - 设计"选项卡中的各功能按钮进一步设计公式。

例:插入公式 $\sin^2\theta = \dfrac{\operatorname{tg}^2\theta}{1+\operatorname{tg}^2\theta}$。

操作步骤如下:

(1) 单击"插入"选项卡的"符号"选项组中的"公式"按钮,在展开的下拉列表中选择"插入新公式"命令,插入公式文本框。

(2) 单击"公式工具 - 设计"选项卡→"结构"→"上下标"按钮,在展开的下拉列表中选择上标格式 x^2,输入"sin²",将光标插入点设在 $\sin^2$ 处,选择"符号"选项组中的"θ",然后输入" = "。

（3）单击“公式工具－设计”选项卡→“结构”→“分数”按钮，在展开的下拉列表中选择分数格式，在分子处输入“$tg^2\theta$”，在分母处输入“$1+tg^2\theta$”。

（4）完成公式的输入。

任务设计

实例 4

将“健康知识报.docx”文档中的文字排版为图 1－5－42 所示的样式。

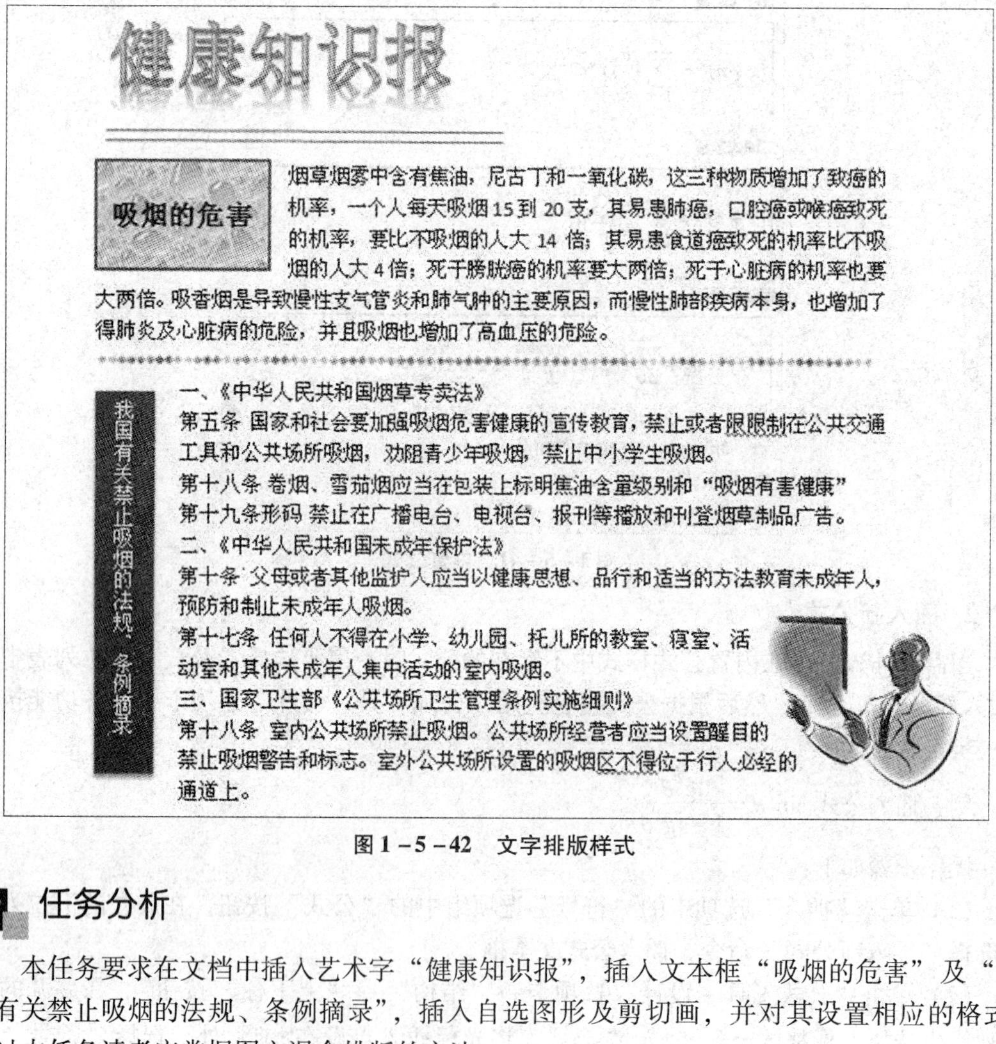
健康知识报

吸烟的危害

烟草烟雾中含有焦油，尼古丁和一氧化碳，这三种物质增加了致癌的机率，一个人每天吸烟 15 到 20 支，其易患肺癌，口腔癌或喉癌致死的机率，要比不吸烟的人大 14 倍；其易患食道癌致死的机率比不吸烟的人大 4 倍；死于膀胱癌的机率要大两倍；死于心脏病的机率也要大两倍。吸香烟是导致慢性支气管炎和肺气肿的主要原因，而慢性肺部疾病本身，也增加了得肺炎及心脏病的危险，并且吸烟也增加了高血压的危险。

我国有关禁止吸烟的法规、条例摘录

一、《中华人民共和国烟草专卖法》

第五条 国家和社会要加强吸烟危害健康的宣传教育，禁止或者限限制在公共交通工具和公共场所吸烟，劝阻青少年吸烟，禁止中小学生吸烟。

第十八条 卷烟、雪茄烟应当在包装上标明焦油含量级别和“吸烟有害健康”

第十九条形码 禁止在广播电台、电视台、报刊等播放和刊登烟草制品广告。

二、《中华人民共和国未成年保护法》

第十条 父母或者其他监护人应当以健康思想、品行和适当的方法教育未成年人，预防和制止未成年人吸烟。

第十七条 任何人不得在小学、幼儿园、托儿所的教室、寝室、活动室和其他未成年人集中活动的室内吸烟。

三、国家卫生部《公共场所卫生管理条例实施细则》

第十八条 室内公共场所禁止吸烟。公共场所经营者应当设置醒目的禁止吸烟警告和标志。室外公共场所设置的吸烟区不得位于行人必经的通道上。

图 1－5－42　文字排版样式

任务分析

本任务要求在文档中插入艺术字“健康知识报”，插入文本框“吸烟的危害”及“我国有关禁止吸烟的法规、条例摘录”，插入自选图形及剪切画，并对其设置相应的格式，通过本任务读者应掌握图文混合排版的方法。

任务实现

操作步骤如下：

（1）单击"插入"选项卡的"文本"选项组中的"艺术字"按钮，选择第五行最后一种艺术字效果，输入文字"健康知识报"。

（2）单击"绘图工具－格式"选项卡"排列"选项组中的"位置"按钮，在展开的下拉列表中选择"嵌入文本行中"命令，使"健康知识报"文字位于文档的最顶端。

（3）单击"插入"选项卡"插图"选项组中的"形状"按钮，在展开的下拉列表中选择直线，在"健康知识报"下端绘制一条直线，效果如图1－5－43所示。

图1－5－43 绘制直线

（4）选中"直线"，按Ctrl+C组合键复制，再按Ctrl+V组合键粘贴，即得另一条直线，调整两条直线的位置。

（5）选中文字"吸烟的危害"，单击"插入"选项卡"文本"选项组中的"文本框"按钮，在展开的下拉列表中选择"绘制文本框"命令，效果如图1－5－44所示。

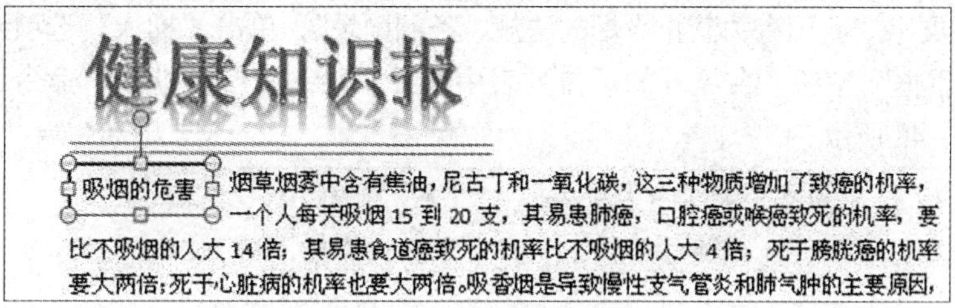

图1－5－44 插入文本框

（6）选择"绘制工具－格式"选项卡，"形状轮廓"选择"标准深红"，"形状填充"选择"纹理"第二行第一个"水滴"纹理，效果如图1－5－45所示。

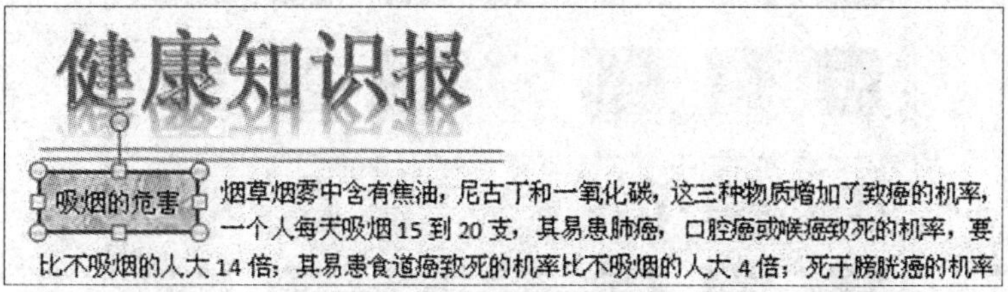

图1－5－45 设置轮廓和纹理

（7）调整文本框的大小，选中文字"吸烟的危害"，单击"绘图工具－格式"选项卡"文本"→"对齐文本"→"中部对齐"按钮，再选择"开始"选项卡，设置字体为四号字，单击"加粗"按钮和"居中"按钮，达到的效果如图1－5－46所示。

图1-5-46 设置文字格式

（8）将插入点插入第二自然段前，单击"插入"选项卡中的"剪贴画"按钮，选择剪贴画"BD21370_.gif"，效果如图1-5-47所示。

图1-5-47 插入剪贴画

（9）选中文字"我国有关禁止吸烟的法规、条例摘录"，单击"插入"选项卡"文本"选项组中的"文本框"按钮，在展开的下拉列表中选择"绘制竖排文本框"命令，设置形状样式，如图1-5-48所示。

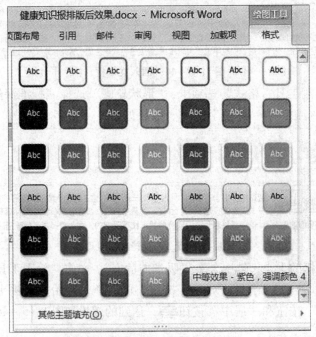

图1-5-48 设置形状样式

(10)调整文本框大小,在文档右下角插入剪贴画,达到最终效果。

1.6 制作 Word 表格

知识储备

在日常办公中,我们需要编辑各种表格,尽管 Word 中表格的功能没有 Excel 强大,但有时应用 Word 制作表格更为方便。

1.6.1 创建表格

Word 提供了多种插入表格的方法,在制作表格时可以根据需要选择合适的方法。单击"插入"选项卡中的"表格"按钮即可完成表格的插入,如图 1-6-1 所示。

图 1-6-1 插入表格按钮

1. 快捷插入表格

快捷插入表格可以迅速便捷地插入规则表格,在"表格"下拉列表中,直接拖曳鼠标,选择表格的行数和列数,如制作 2 行 4 列的表格,操作如图 1-6-2 所示。

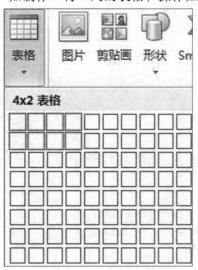

图 1-6-2 快捷插入表格

2. 通过"插入表格"命令插入表格

插入规则表格还可以选择"表格"下拉列表中的"插入表格"命令,在弹出的"插入表格"对话框中输入行数、列数以及列宽的调整方法,单击"确定"按钮,如图 1-6-3 和图 1-6-4 所示。

图1-6-3 "插入表格"命令　　　　图1-6-4 "插入表格"对话框

3. 手动绘制表格

除了规则表格外,在日常办公中还常常需要插入不规则表格,这种表格可以在规则表格的基础上通过手动绘制表格工具进行更改,也可以直接手动绘制表格。操作方法如下:

(1) 选择"表格"下拉列表中的"绘制表格"命令(图1-6-5),鼠标指针变成画笔形状,绘制一行一列的表格,如图1-6-6所示。

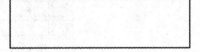

图1-6-5 "绘制表格"命令　　　　图1-6-6 一行一列表格

(2) 应用"表格工具-设计"选项卡中的"绘制表格"按钮和"擦除"按钮绘制表格线或删除表格线,也可以应用线型及画笔颜色命令调整线型、线宽及线条颜色,如图1-6-7所示。

图 1-6-7 "绘制表格"按钮和"擦除"按钮

（3）最终绘制的表格如图 1-6-8 所示。

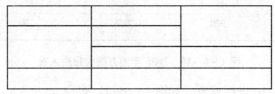

图 1-6-8 最终绘制的表格

4. 插入样式表格

在 Word 中内置一些常用表格样式，可以在"快速表格"命令下拉菜单中选择表格，在此基础上修改成自己所需的表格，如图 1-6-9 所示。

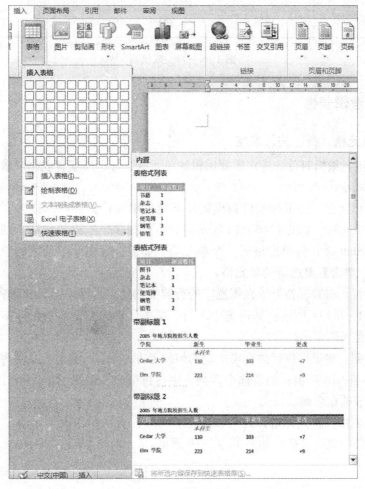

图 1-6-9 快速表格

例如，插入带副标题1的表格，如图1-6-10所示。

学院	新生	毕业生	更改
	本科生		
Pine 学院	134	121	+13
Oak 研究所	202	210	-8
	研究生		
总计	**998**	**908**	**90**

图1-6-10 2005年地方院校招生人数

可以根据图1-6-10进行修改，如图1-6-11所示。

姓名	数学	语文	英语
	本科生		
张墨	134	121	95
李园园	120	130	80
总计	**254**	**251**	**175**

图1-6-11 成绩表

1.6.2 编辑表格

1. 选定单元格、行、列、表格

在对表格进行编辑时首先选定需要编辑的单元格、行、列或者表格。表格未选中状态如图1-6-12所示。

（1）选定单元格。将鼠标指针指向需要选定的单元格，当鼠标指针变为 ◢ 时，单击即可选中一个单元格，如图1-6-13所示；如需选择多个连续单元格，则选中第一个单元格后，按住Shift键，再单击最后一个单元格；如需选择多个不连续的单元格，则按住Ctrl键的同时，单击需要选定的单元格。

（2）选定行。将鼠标指针放在需选定的行前空白处，当鼠标指针变为 ◢ 时，单击即选中一行，如图1-6-14所示；如需选中多行，则按住鼠标左键拖动鼠标指针到选定范围的最末行，即完成选定多行。

（3）选定列。将鼠标指针放在需选定的列的上方，当鼠标指针变为 ↓ 时，单击即选中一列，如图1-6-15所示；如需选中多列，则按住鼠标左键拖动鼠标指针到选定范围的最末列，即完成选定多列。

（4）选定表格。将鼠标指针放在表格左上角时，表格在左上角出现"✥"符号，单击该符号，即选中整个表格，如图1-6-16所示。

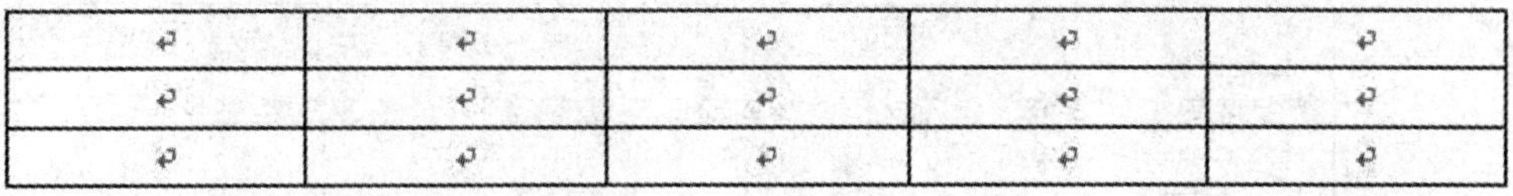

图 1-6-12　未选中状态

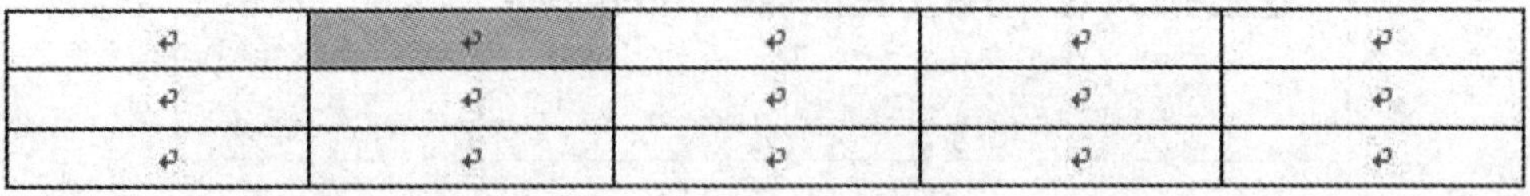

图 1-6-13　选中一个单元格

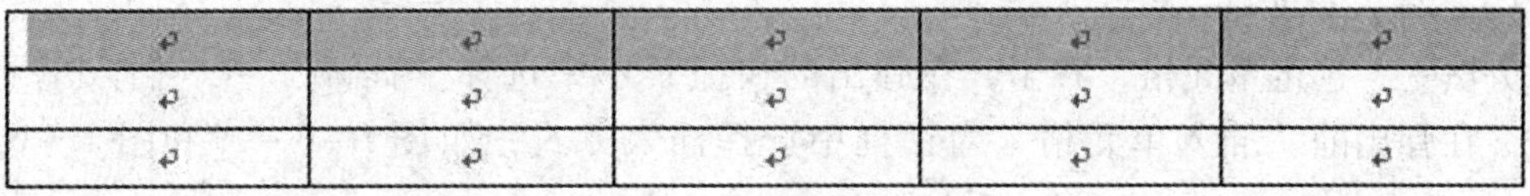

图 1-6-14　选中一行

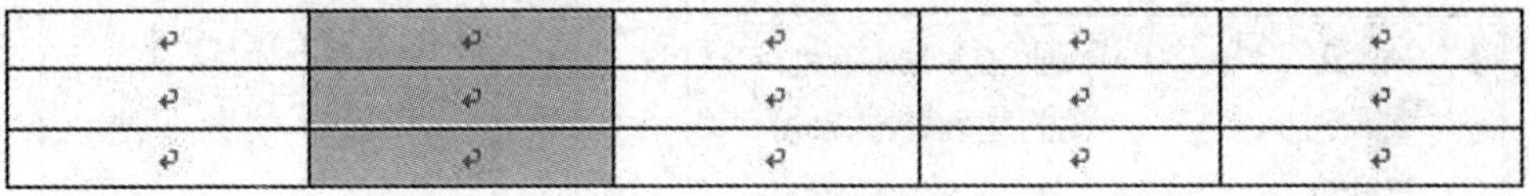

图 1-6-15　选中一列

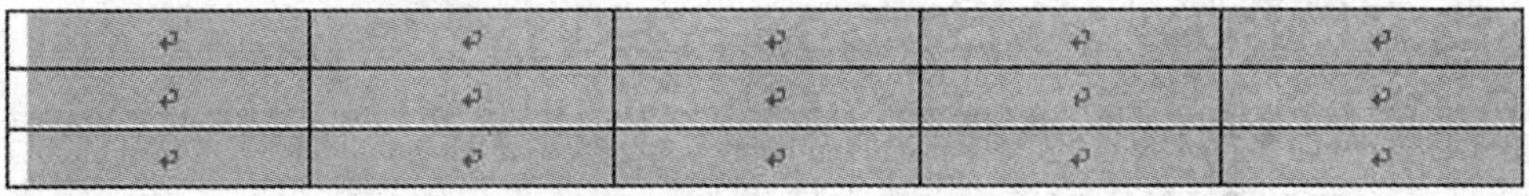

图 1-6-16　选中整个表格

2. 插入行、列或单元格

（1）插入行或列。

方法一：选定行（列），右击，在弹出的快捷菜单中选择"插入"命令，在其级联菜单中选择适当的命令，如图 1-6-17 所示。

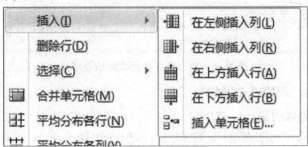

图 1-6-17　快捷菜单

方法二：选定行（列），选择"表格工具-布局"选项卡，在"行和列"选项组中选择适当的插入方式，如图 1-6-18 所示。

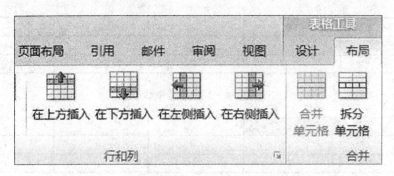

图1-6-18 利用"表格工具-布局"选项卡插入行（列）

(2) 插入单元格。

方法一：选定单元格，右击，在弹出的快捷菜单中选择"插入"→"插入单元格"命令，在弹出的"插入单元格"对话框中选择插入方式，如图1-6-19和图1-6-20所示。

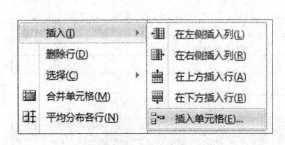
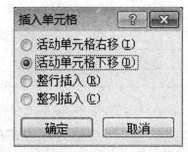

图1-6-19 快捷菜单　　　　　图1-6-20 "插入单元格"对话框

方法二：选定单元格，选择"表格工具-布局"选项卡，在"行和列"选项组中单击插入单元格启动器按钮（图1-6-21），弹出"插入单元格"对话框，选择适当的插入方式。

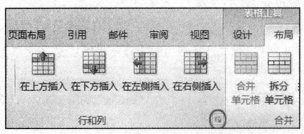

图1-6-21 插入单元格启动器按钮

3. 删除行、列、表格或单元格

(1) 删除行、列或表格。

方法一：选定行（列或表格），右击，在弹出的快捷菜单中选择"删除行（列或表格）"命令。

方法二：选定行（列或表格），单击"表格工具-布局"选项卡中的"删除"按钮，在展开的下拉列表中选择"删除行（列或表格）"命令，如图1-6-22所示。

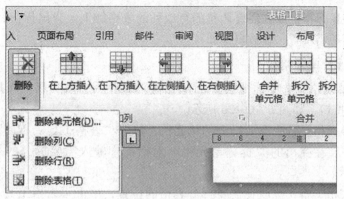

图1-6-22 "删除"下拉列表

（2）删除单元格。

方法一：选定单元格，右击，在弹出的快捷菜单中选择"删除单元格"命令，在弹出的"删除单元格"对话框中选择删除方式，如图1-6-23所示。

图1-6-23 "删除单元格"对话框

方法二：选定单元格，单击"表格工具-布局"选项卡中的"删除"按钮，在展开的下拉列表中选择"删除单元格"命令，在弹出的"删除单元格"对话框中选择删除方式。

4. 调整行高或列宽

方法一：当行（列）的高度或者宽度不能达到排版需要时，可以在"表格工具-布局"选项卡的"高度"或"宽度"文本框中输入数值，调整行高或者列宽；也可以通过"分布行"按钮或"分布列"按钮平均分布所选行或列之间的高度或宽度；也可在"自动调整"下拉列表中选择适当的方法调整行高或列宽，如图1-6-24和图1-6-25所示。

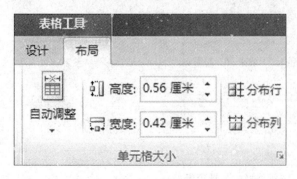

图1-6-24 调整行高和列宽

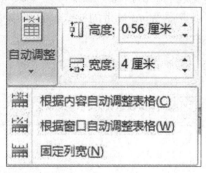

图1-6-25 "自动调整"下拉列表

方法二：将鼠标指针放在需要调整的行或列的表格线上，当鼠标指针变为或时直接拖动鼠标到适当位置，释放鼠标即可。

5. 合并、拆分单元格

（1）合并单元格。选中需要合并的单元格，单击"表格工具－布局"选项卡中的"合并单元格"按钮，如图1－6－26所示。

（2）拆分单元格。选中需要拆分的单元格，单击"表格工具－布局"选项卡中"拆分单元格"按钮，在弹出的"拆分单元格"对话框中输入需要拆分的行数及列数，如图1－6－27所示。

（3）拆分表格。将光标放在需要拆分表格的位置，单击"表格工具－布局"选项卡中"拆分表格"按钮，如图1－6－26所示。

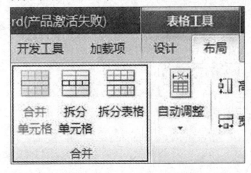

图1－6－26　"合并"选项组各按钮

图1－6－27　"拆分单元格"对话框

6. 在表格中输入文本或插入图片等

将鼠标指针放在需要输入文本或插入图片的单元格内，单击确定插入点，然后输入文本或插入图片，输入文本及插入图片的操作方法参阅1.3节和1.5节内容。

1.6.3　格式化表格

插入表格后，为了使表格更加美观，可以设置表格及表格内文字的格式等。

1. 表格样式

选中表格，在"表格工具－设计"选项卡的"表格样式"选项组（图1－6－28）中，可以选择Word自带的样式，也可以通过调整边框和底纹设计独特的表格样式。

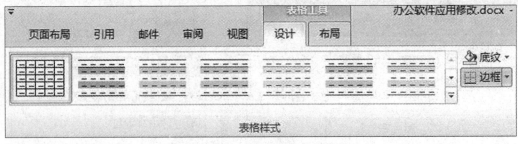

图1－6－28　"表格样式"选项组

单击"底纹"按钮,在展开的下拉列表中选择底纹的颜色,如图 1-6-29 所示。

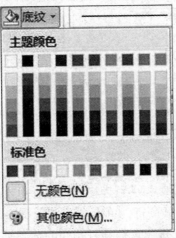

图 1-6-29 "底纹"下拉列表

单击"边框"按钮,在展开的下拉列表中选择设计的边框,也可以单击"边框和底纹"按钮,在弹出的"边框和底纹"对话框中,设计线型、线颜色及线宽等,如图 1-6-30 和图 1-6-31 所示。

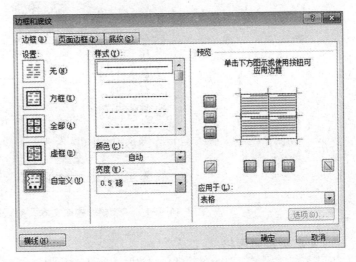

图 1-6-30 "边框"下拉列表　　　　图 1-6-31 "边框和底纹"对话框

2. 文本对齐方式

表格中的文本可以设置靠上两端对齐、靠上居中对齐、靠上右对齐、中部两端对齐、水平居中、中部右对齐、靠下两端对齐、靠下居中对齐、靠下右对齐九种对齐方式,还可以通过"对齐方式"选项组的"文字方向"按钮调整文字方向,如图1-6-32所示。

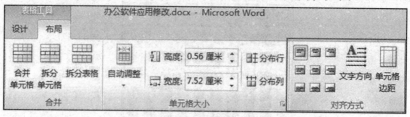

图1-6-32 "对齐方式"选项组

3. 重复标题行

有时在制作多页表格时,需要每一页表格的标题行一致,即要求每一页表格都具有相同的标题行,此时将光标放在第一行,单击"表格工具-布局"选项卡→"数据"→"重复标题行"按钮,即可实现每一页都具有相同的标题行,如图1-6-33所示的"序号、姓名、出生日期及家庭地址"。

序号	姓名	出生日期	家庭住址

图1-6-33 设置重复标题行

4. 表格转换为文本

Word还提供了将现有表格转换为文本的功能,只需选中需要转换为文本的表格,单击"表格工具-布局"选项卡→"数据"→"转换为文本"按钮,在弹出的"表格转换成文本"对话框中选择转换的文字分隔符即可,如图1-6-34所示。

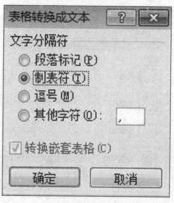

图1-6-34 "表格转换成文本"对话框

5. 文本转换为表格

在Word中除了可以将表格转换为文本外,也可以将文本转换为表格,选中需要转换为表格的文字后,单击"插入"选项卡→"表格"→"表格"按钮,在展开的"表格"下拉列表中选择"文本转换成表格"命令,在弹出的"将文字转换成表格"对话框中,设置所需要转换的表格的列数、列宽调整方式及文字分隔符位置。例如,将下列文本转换为表格：

姓名　性别　出生年月日　民族　身份证号

操作步骤如下：

（1）选中文本"姓名　性别　出生年月日　民族　身份证号"。

（2）单击"插入"选项卡→"表格"→"表格"按钮，在展开的"表格"下拉列表中选择"文本转换成表格"命令，如图1－6－35所示。

（3）在弹出的"将文字转换成表格"对话框中按图1－6－36所示进行设置。

图1－6－35　"文本转换成表格"命令

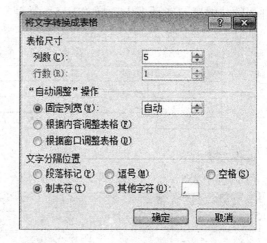

图1－6－36　"将文字转换成表格"对话框

（4）制成表格，如图1－6－37所示。

姓名	性别	出生年月日	民族	身份证号

图1－6－37　转换成的表格

（5）多次单击"表格工具－布局"选项卡→"行和列"→"在下方插入"按钮，如图1－6－38所示，在第一行下方插入若干行，如图1－6－39所示。

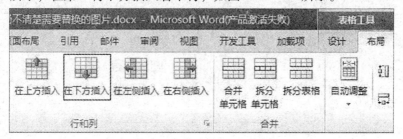

图1－6－38　"在下方插入"按钮

姓名	性别	出生年月日	民族	身份证号

图 1-6-39 插入行

1.6.4 计算和排序表格数据

Word 2010 提供了排序和计算功能，但它的功能远没有 Excel 2010 强大，只可以对表格进行简单的排序及计算操作。

1. 排序

选定要排序的表格后，单击"表格工具-布局"选项卡→"数据"→"排序"按钮，在弹出的"排序"对话框中选择关键字、类型、升序或者降序后单击"确定"按钮。

如表 1-6-1 所示，按姓名的姓氏笔画升序排序。

表 1-6-1 个人信息表

姓名	性别	出生年月日	民族	身份证号
刘婷婷	女	1993-5-12	汉	210202199305120625
李红	女	1992-10-6	汉	210103199210065523
王大庆	男	1993-4-7	汉	21010119930407232X

操作步骤如下：

（1）选中表 1-6-1，如图 1-6-40 所示。

姓名	性别	出生年月日	民族	身份证号
刘婷婷	女	1993-5-12	汉	210202199305120625
李红	女	1992-10-6	汉	210103199210065523
王大庆	男	1993-4-7	汉	21010119930407232X

图 1-6-40 选中表格

（2）单击"表格工具-布局"选项卡→"数据"→"排序"按钮，如图 1-6-41 所示。

图 1-6-41 "排序"按钮

（3）在弹出的"排序"对话框中进行设置，如图1-6-42所示。

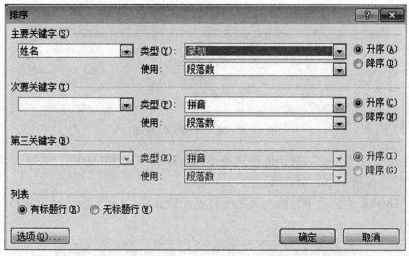

图1-6-42 "排序"对话框

（4）最终结果如图1-6-43所示。

姓名	性别	出生年月日	民族	身份证号
王大庆	男	1993-4-7	汉	210101199304072732X
刘婷婷	女	1993-5-12	汉	210202199305120625
李红	女	1992-10-6	汉	210103199210065523

图1-6-43 最终结果

2. 公式

Word 2010提供了简单的计算函数公式，如求和函数SUM（）、平均数函数AVERAGE（）、计数函数COUNT（）、绝对值函数ABS（）等。对单元格中数据进行计算时，只需将光标插入放置计算结果的单元格内，单击"表格工具-布局"选项卡→"数据"→"公式"按钮，在弹出的"公式"对话框中选择适当的计算公式，确定计算范围，单击"确定"按钮即可。以表1-6-2为例，计算计算机科目的平均分。

表1-6-2 计算机科目成绩

学号	姓名	计算机	英语	数学	政治	总分
3101001	李秋来	98	90	97	93	
3101002	王洪举	43	42	70		
3101003	张千平	84	82	87	98	
3101004	刘百支	85	89	76	28	
3101005	黄安	88	70	76	65	
3101006	王朝	95	78		32	
3101007	秋云	23	61		94	
3101008	析军	64	32	72	29	
平均分						

操作步骤如下：

（1）选中放置计算机成绩平均分的单元格，单击确定插入点。

(2)单击"表格工具-布局"选项卡→"数据"→"公式"按钮,如图1-6-44所示。

图1-6-44 "公式"按钮

(3)在弹出的"公式"对话框中选择平均数函数"AVERAGE",并将公式范围确定为"ABOVE",如图1-6-45所示。

注意:ABOVE为活动单元格上面的所有单元格数据,LEFT为活动单元格左边的所有单元格数据。

图1-6-45 "公式"对话框

(4)单击"确定"按钮。
(5)计算结果如表1-6-3所示。

表1-6-3 计算结果

学号	姓名	计算机	英语	数学	政治	总分
3101001	李秋来	98	90	97	93	378
3101002	王洪举	43	42	70	88	
3101003	张千平	84	82	87	98	
3101004	刘百支	85	89	76	28	
3101005	黄安	88	70	76	65	
3101006	王朝	95	78	58	32	
3101007	秋云	23	61	72	94	
3101008	析军	64	32	72	29	
平均分		72.5				

注意:如计算总分,则"公式"对话框设置为图1-6-46所示的内容。

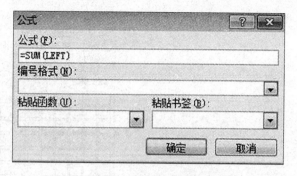

图 1-6-46　左侧单元格数据求和

任务设计

实例 5　制作个人简历表

个人简历表如图 1-6-47 所示。

姓名		性别		照片
出生年月		民族		
学历		毕业时间		
工作单位				
通讯地址				
单位电话		家庭电话		
工作经历				
时间	工作单位	所在部门	职务	
获得荣誉				

图 1-6-47　个人简历表

任务分析

通过本任务应掌握插入表格的制作方法，熟练表格设置的过程，包括合并单元格、设置表格线，以及插入、删除单元格等操作。

任务实现

（1）输入表头“个人简历”，在“开始”选项卡中将字体设置为宋体，字号为四号，单击“加粗”按钮，如图 1-6-48 所示。

（2）单击“插入”选项卡→“表格”→“表格”按钮，在展开的下拉列表中选择 5 列 8 行，如图 1-6-49所示。

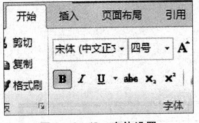

图1-6-48 字体设置

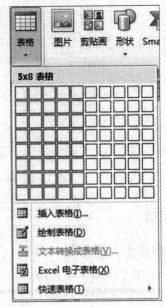

图1-6-49 插入表格

(3) 如图1-6-50所示,选中第5列第1行至第6行单元格,单击"表格工具-布局"选项卡→"合并"→"合并单元格"按钮。

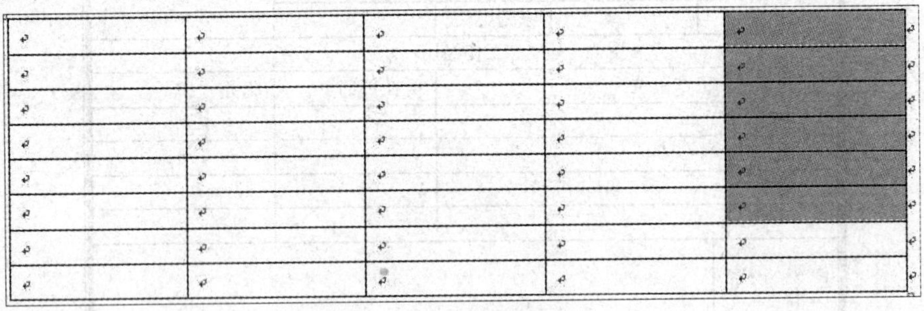

图1-6-50 合并单元格(一)

(4) 如图1-6-51所示,选中第4行第2列至第4列单元格,合并单元格。

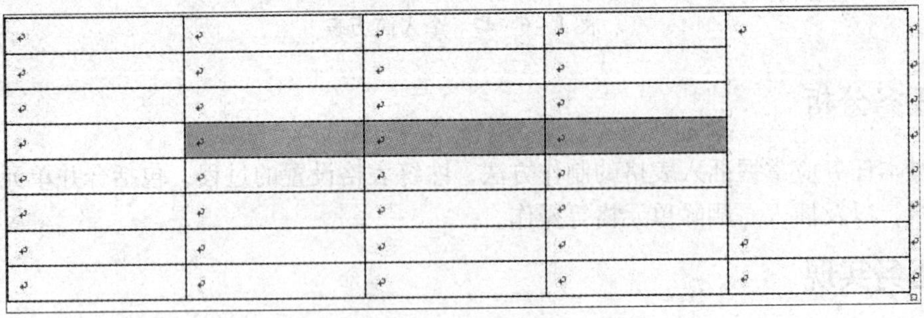

图1-6-51 合并单元格(二)

(5) 选中第5行第2列至第4列单元格,合并单元格。

(6) 选中第7行,合并单元格,合并后表格如图1-6-52所示。

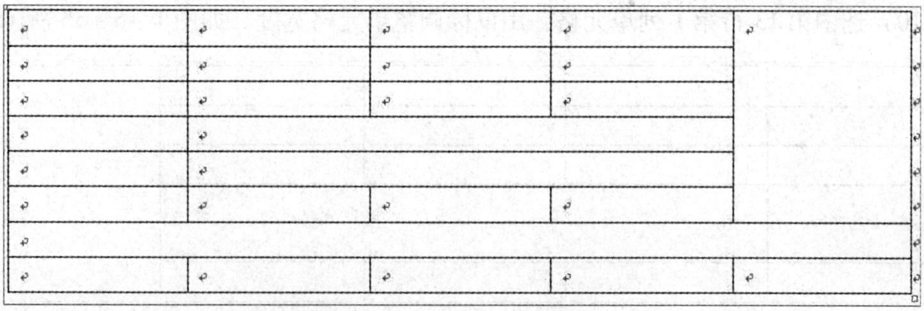

图 1-6-52 合并最终效果

（7）选中第 8 行，单击"表格工具 - 布局"选项卡→"行和列"→"在下方插入"按钮，插入 5 行，如图 1-6-53 所示。

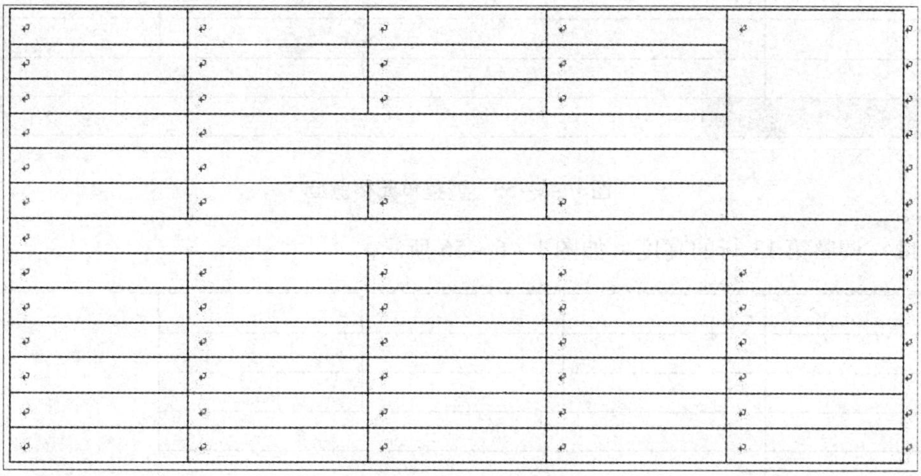

图 1-6-53 插入行

（8）分别将第 8~12 行各行中的第 2 列和第 3 列的单元格合并

（9）选中第 13 行，合并 2~5 列，如图 1-6-54 所示。

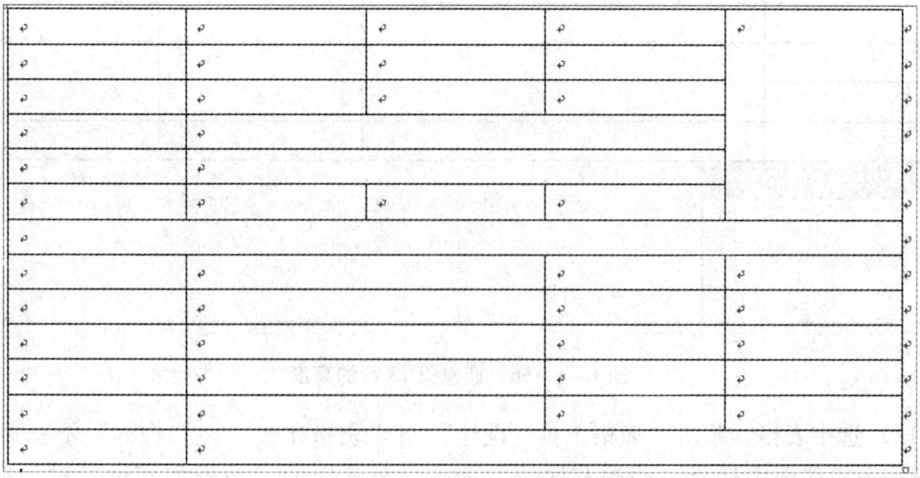

图 1-6-54 合并单元格（三）

（10）选中第13行第1列单元格，用鼠标调整单元格宽度，如图1-6-55所示。

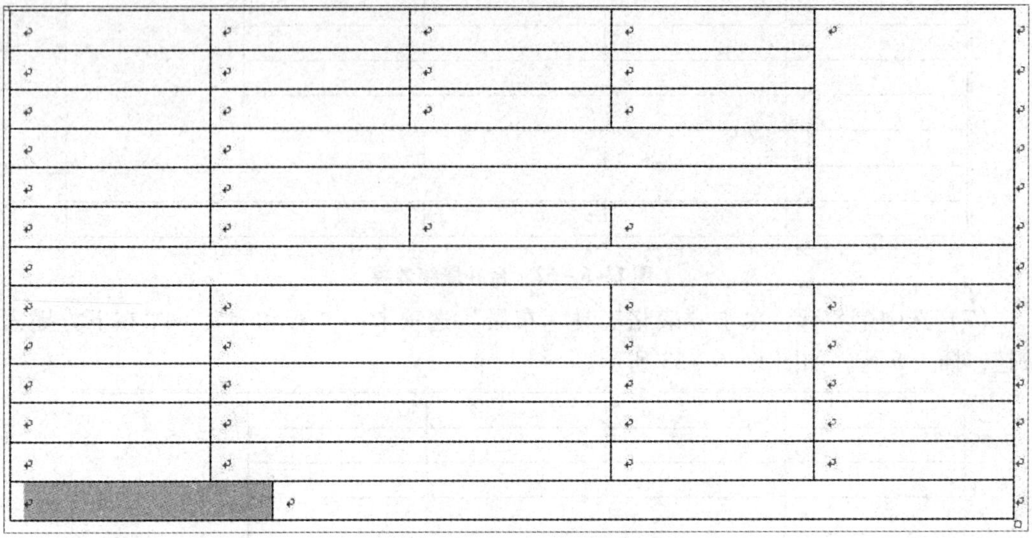

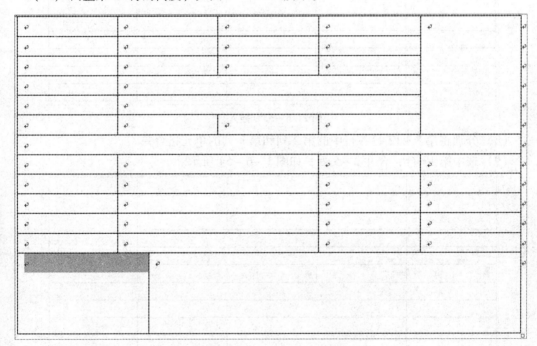

图1-6-55 调整单元格宽度

（11）调整第13行的高度，如图1-6-56所示。

图1-6-56 调整第13行的高度

（12）选中表格，单击"表格工具-设计"→"表格样式"→"边框"下三角按钮，在展开的下拉列表中选择"边框和底纹"命令，在弹出的"边框和底纹"对话框中按图1-6-57所示进行设置。

图 1-6-57　设置边框

(13) 输入文字并进行设置。选中"照片"和"获得荣誉",单击"表格工具-布局"选项卡→"对齐方式"→"文字方向"按钮(图 1-6-58),然后单击"中部居中"按钮。选中"工作经历",设置为居中。最终效果如图 1-6-47 所示。

图 1-6-58　设置文字方向

1.7　设置页面与输出打印

知识储备

1.7.1　设置页面

在 Word 2010 中除了可以对字符和段落格式设置外,还可以对页面进行设置,使文档整体布局更加合理,整个文档的排版效果更赏心悦目。页面设置可以对页边距、纸张方向、纸张大小进行设置。这些设置都可以通过"页面布局"选项卡中的"页面设置"选项组按钮来完成,如图 1-7-1 所示。

图 1-7-1　"页面设置"选项组

1. 页边距

页边距是指页面的边线到文本的距离,分为上边距、下边距、左边距和右边距,如图 1-7-2所示。

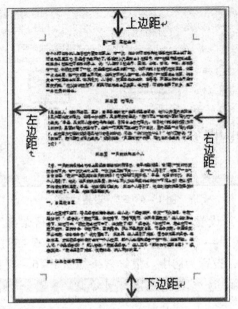

图1-7-2 页边距

在Word 2010中除了可以选择几种常用的边距参数外，还可以自定义页边距。如果应用常用的边距设置，则单击"页面布局"选项卡→"页边距"按钮，在"页边距"下拉列表（图1-7-3）中选择合适的页边距设置，如选择"普通"型。如果需要自定义页边距，则选择"自定义边距"命令，在弹出的"页面设置"对话框中输入页边距的值，如图1-7-4所示。

图1-7-3 "页边距"下拉列表

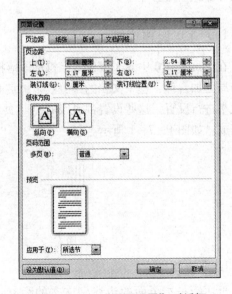

图1-7-4 "页面设置"对话框

2. 纸张方向

纸张方向可以设置为纵向和横向两种，单击"页面布局"选项卡→"页面设置"→"纸张方向"按钮，在展开的下拉列表中选择"纵向"或者"横向"命令，如图1-7-5所示。

图1-7-5 "纸张方向"下拉列表

3. 纸张大小

在打印输出之前，必须按照即将打印的纸张大小在文档中进行设置，才能使排出来的版式正确打印在纸张上。单击"页面布局"选项卡→"页面设置"→"纸张大小"按钮，在展开的下拉列表（图1-7-6）中选择常用的纸张大小，如A4；也可以选择"其他页面大小"命令，在弹出的"页面设置"对话框中自定义纸张大小，如图1-7-7所示。

图1-7-6 "纸张大小"下拉列表

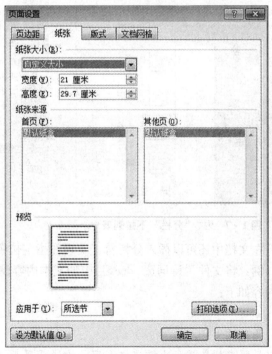

图1-7-7 自定义纸张大小

1.7.2 设置分栏、分页和分节符

1. 分栏

在期刊杂志或者学生刊物中，常常看到一篇文章被分为几个小部分排版，使得文档看起来层次分明，这种效果可以通过分栏来实现，如图1-7-8所示。

有兄弟二人，年龄不过四、五岁，由于卧室的窗户整天都是密闭着，他们认为屋内太阴暗，看见外面灿烂的阳光，觉得十分羡慕。兄弟俩就商量说："我们可以一起把外面的阳光扫一点进来。"于是，兄弟两人拿着扫帚和畚箕，到阳台上去扫阳光。等到他们把畚箕搬到房间里的时候，里面的阳光	就没有了。这样一而再再而三地扫了许多次，屋内还是一点阳光都没有。正在厨房忙碌的妈妈看见他们奇怪的举动，问道："你们在做什么？"他们回答说："房间太暗了，我们要扫点阳光进来。"妈妈笑道："只要把窗户打开，阳光自然会进来，何必去扫呢？"

图1-7-8 分栏效果

设置分栏，首先选中需要进行分栏的文本或段落，然后单击"页面布局"选项卡→"页面设置"→"分栏"按钮，在展开的下拉列表中选择适合的栏数，如图1-7-9所示；也可以选择"更多分栏"命令，在弹出的"分栏"对话框中设置栏宽、分隔线等，图1-7-10所示。

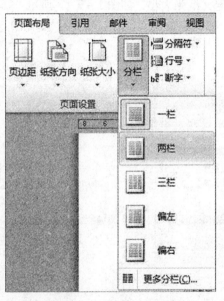

图1-7-9 "分栏"下拉列表　　　　图1-7-10 "分栏"对话框

在文档中还可以插入分栏符，实现在指定位置分栏。

例：将文件"诗词选.docx"中的文本内容设置分栏，使两首词分别位于左、右两栏，原内容如下：

天净沙·秋思

马致远

枯藤老树昏鸦，小桥流水人家，古道西风瘦马。夕阳西下，断肠人在天涯。

水调歌头·中秋

苏轼

丙辰中秋,欢饮达旦,大醉,作此篇,兼怀子由。

明月几时有?把酒问青天。不知天上宫阙,今夕是何年?

我欲乘风归去,又恐琼楼玉宇,高处不胜寒。起舞弄清影,何似在人间!

转朱阁,低绮户,照无眠。不应有恨,何事长向别时圆?人有悲欢离合,月有阴晴圆缺,此事古难全。但愿人长久,千里共婵娟。

操作步骤如下:

(1) 选中全部文档内容。

(2) 单击"页面布局"选项卡→"页面设置"→"分栏"按钮,在展开的下拉列表中选择"两栏"命令。

(3) 将光标插在"水调歌头"文本前,如图1-7-11所示。

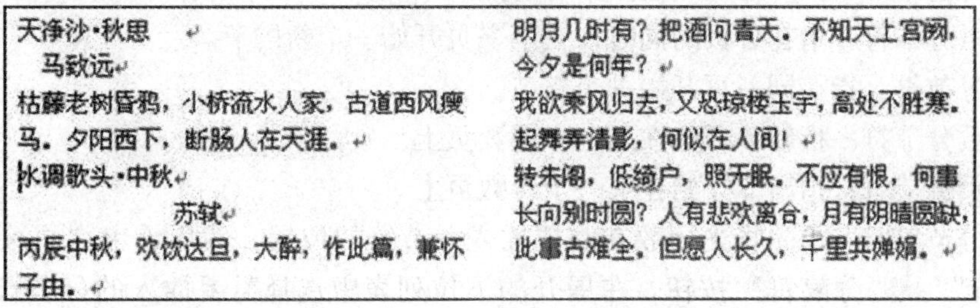

图1-7-11 确定插入点位置

(4) 单击"页面布局"选项卡→"页面设置"→"分隔符"按钮,在展开的下拉列表中选择"分栏符"命令。

(5) 最终效果如图1-7-12所示。

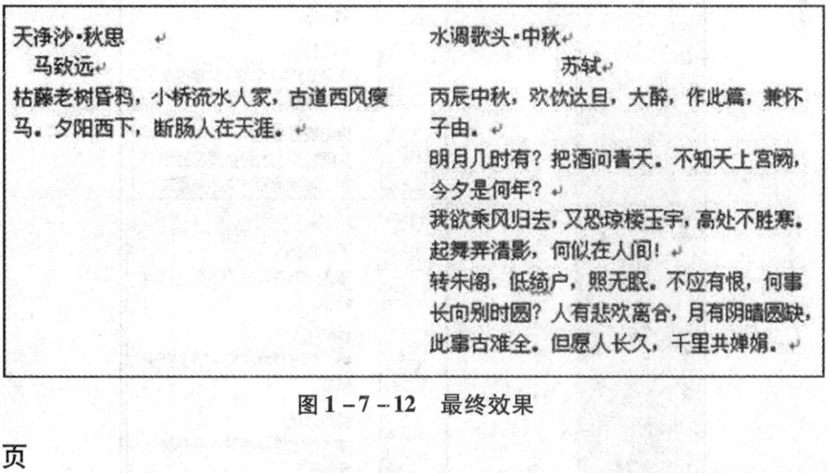

图1-7-12 最终效果

2. 分页

在输入文档时,有时需要在指定位置分页,这就需要先确定要分页的位置,然后单击"页面布局"→"页成设置"→"分隔符"按钮,在展开的下拉列表中选择"分页符"命令,在文本中插入一个分页符,达到分页的目的,如图1-7-13所示。

图 1-7-13 "分页符"命令

3. 分节符

在同一文档中，需要进行不同的设置，如给文档中某一页设置页边框、为某个段落设置分栏、在纸张方向为纵向的文档中单独设置一页纸张方向为横向等，这些效果的实现都可以通过分节符来完成。利用分节符将整篇文档分为不同的节，然后对每个节设置不同的格式。

分节符包括下一页、连续、偶数页和奇数页四种。

下一页分节符：指在分页的同时，在下一页开始一个新的节。

连续分节符：指在同一页开始一个新节。

偶数页分节符：指新节开始在下一个偶数页上。

奇数页分节符：指新节开始在下一个奇数页上。

插入分节符时，首先将光标放在需要插入分节符的位置，然后单击"页面布局"→"页面设置"→"分隔符"按钮，在展开的下拉列表中选择需要插入的分节符类型，如图 1-7-14 所示。

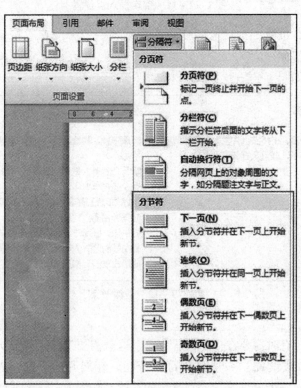

图 1-7-14 "分节符"命令

1.7.3 设置页眉、页脚及页码

页眉、页脚可以显示文档的附加信息，如章节、作者、页码等相关信息。对页眉、页脚及页码的设置可以通过"插入"选项卡的"页眉和页脚"选项组的三个按钮分别实现，如图1-7-15所示。

页眉、页脚和页码的下拉列表中都分别设置了几种常用的格式，可以根据需要选择适当的形式，也可以通过"编辑页眉""编辑页脚"和"编辑页码"命令分别对页眉、页脚和页码进行编辑，通过"删除页眉""删除页脚"和"删除页码"命令进行删除。

图1-7-15 "页眉和页脚"选项组

1.7.4 页面修饰

1. 水印

在日常工作中，在纸张上标注水印的情况时有发生，如在纸张上标注公司名称、标注"机密"等字样，这些可以通过"页面布局"选项卡→"页面背景"→"水印"按钮实现，不仅可以在下拉列表中选择需要的样式（图1-7-16），增加常用的水印样式；也可以选择"自定义水印"命令，在弹出的"水印"对话框（图1-7-17）中自定义水印图案或文本，也可以选择"删除水印"命令删除水印。

图1-7-16 "水印"下拉列表

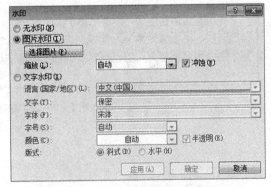

图1-7-17 "水印"对话框

2. 页面边框

页面边框与文字边框和段落边框不同，它是给整个页面设置边框，边框可以是框线，也可以选择不同的艺术图案。设置页面边框只需单击“页面布局”选项卡→“页面背景”→“页面边框”按钮，在弹出的“边框和底纹”对话框的“页面边框”选项卡中，选择所需的边框类型，设置样式、线宽度，也可以设置为艺术型，如图 1－7－18 所示。

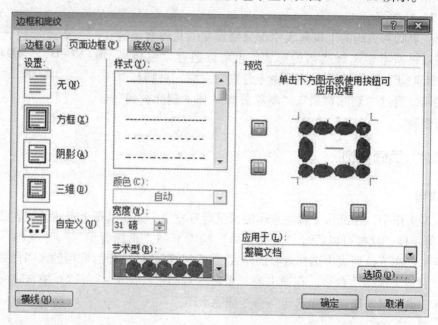

图 1－7－18 “页面边框”选项卡

文字边框、段落边框、页面边框的效果对比如图 1－7－19～图 1－7－21 所示。

人最宝贵的是生命，生命对每个人只有一次。人的一生应该是这样度过的：当他回首往事的时候，不因虚度年华而悔恨，也不因碌碌无为而羞耻。在临死的时候，能够说：“我的整个生命和全部精力，都已经献给世界上最壮丽的事业——为人类的解放而斗争。

——奥斯特洛夫斯基

图 1－7－19 文字边框效果

人最宝贵的是生命，生命对每个人只有一次。人的一生应该是这样度过的：当他回首往事的时候，不因虚度年华而悔恨，也不因碌碌无为而羞耻。在临死的时候，能够说：“我的整个生命和全部精力，都已经献给世界上最壮丽的事业——为人类的解放而斗争。

——奥斯特洛夫斯基

图 1－7－20 段落边框效果

图 1-7-21 页面边框效果

3. 页面颜色

页面除了可以添加水印效果外，还可以设置页面背景颜色，也可以将喜欢的图片设置为页面背景。单击"页面布局"选项卡→"页面背景"→"页面颜色"按钮，在展开的下拉列表中选择页面颜色及不同的填充效果（图 1-7-22），但它只能在文档中显示出来。如果需要打印，则需要在"文件"选项卡中选择"选项"命令，在弹出的"Word 选项"对话框中设置显示项中的打印选项，如图 1-7-23 所示。

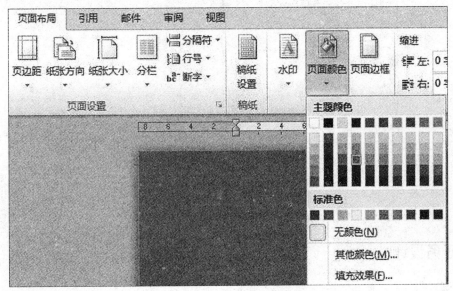

图 1-7-22 "页面颜色"下拉列表

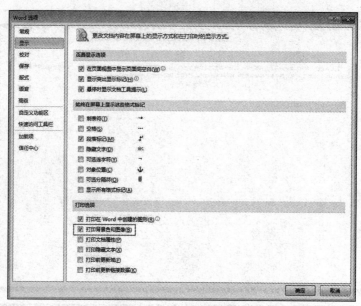

图 1-7-23 打印选项设置

1.7.5 打印预览及打印输出

文档设置完成后,在打印输出之前,可以通过打印预览查看打印效果,以便对不合适的地方进行更改,打印预览只需单击"打印预览"按钮或者选择"文件"选项卡中的"打印"命令即可,如图 1-7-24 所示。

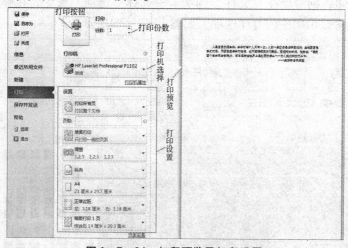

图 1-7-24 打印预览及打印设置

任务设计

实例 6

将"古诗文鉴赏.docx"做如下操作:
(1) 添加页眉"古诗文鉴赏",添加页脚为页码。

(2) 在"水调歌头·中秋"前分页。
(3) 将两首古诗分栏,栏宽为2厘米,有分隔线。
(4) 给第二页设置艺术型页边框。
(5) 添加文字水印背景"古诗文鉴赏"。
(6) 设置上、下、左、右页边距为2厘米。

任务分析

本任务通过对文档页眉/页脚、分页、分栏以及页边距的设置,达到熟练掌握有关页面设置的相关操作的目的。

任务实现

操作步骤如下:
(1) 打开文档"古诗文鉴赏.docx"。
(2) 单击"插入"选项卡→"页眉和页脚"→"页眉"按钮,在展开的下拉列表中选择内置"空白"命令,在页眉处输入文字"古诗文鉴赏",效果如图1-7-25所示。

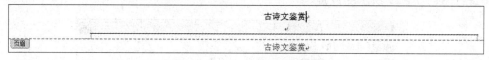

图1-7-25 页眉设置效果

(3) 单击"页眉和页脚工具-设计"选项卡→"页眉和页脚"→"页码"按钮,在展开的下拉列表中选择"页面底端"→"普通数字2"命令,单击"关闭页眉和页脚"按钮,效果如图1-7-26所示。

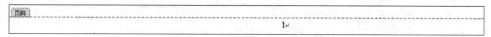

图1-7-26 页码设置效果

(4) 将插入点设置在"水调歌头·中秋"前,单击"页面布局"选项卡→"页面设置"→"分隔符"按钮,在展开的下拉列表中选择"分页符"命令,在"水调歌头·中秋"前分页。

(5) 将插入点设置在"泊秦淮"前,单击"页面布局"选项卡→"页面设置"→"分栏"按钮,在展开的下拉列表中选择"更多分栏"命令,在弹出的对话框中进行图1-7-27所示的设置。

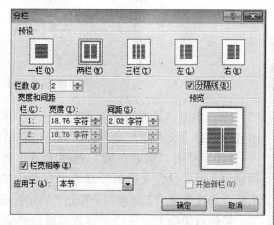

图1-7-27 "分栏"对话框设置

(6) 单击"分隔符"按钮,在展开的下拉列表中选择"分栏符"命令,效果如图1-7-28所示。

夜雨寄北	泊秦淮
李商隐	杜牧
君问归期未有期,	烟笼寒水月笼沙,
巴山夜雨涨秋池。	夜泊秦淮近酒家。
何当共剪西窗烛,	商女不知亡国恨,
却话巴山夜雨时。	隔江犹唱后庭花。

图 1-7-28　分栏设置效果

(7) 将插入点设置在第二页开头位置,单击"分隔符"按钮,在展开的下拉列表中选择"分节符连续"命令。

(8) 单击"页面布局"选项卡→"页面背景"→"页面边框"按钮,在弹出的对话框中进行图1-7-29所示的设置。

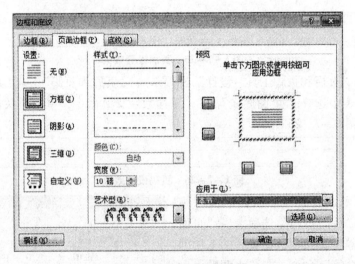

图 1-7-29　页面边框设置

(9) 单击"页面布局"选项卡→"页面背景"→"水印"按钮,在展开的下拉列表中选择"自定义水印"命令,在弹出的对话框中进行图1-7-30所示的设置。

(10) 单击"页面布局"选项卡→"页面设置"→"页边距"按钮,在展开的下拉列表中选择"自定义边距"命令,在弹出的"页面设置"对话框中将上、下、左、右页边距分别设置为"2厘米",单击"确定"按钮,如图1-7-31所示。

最终效果参见"古诗文鉴赏编辑后效果.docx"。

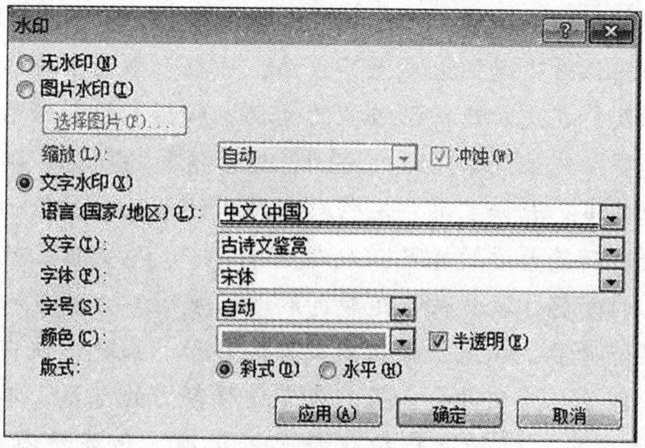

图 1-7-30 "水印"对话框设置

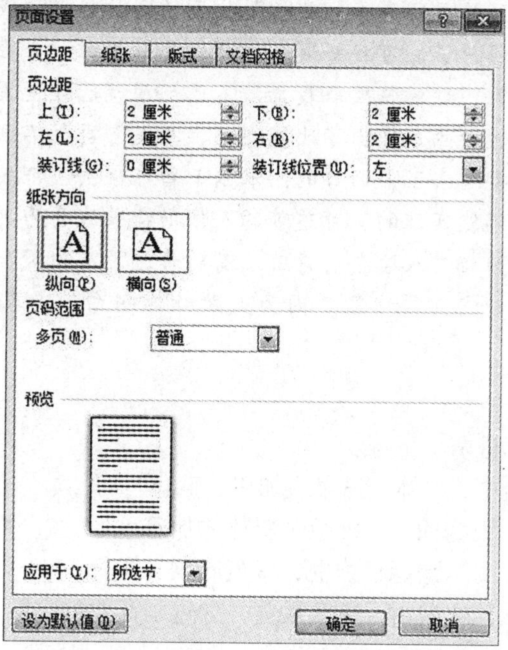

图 1-7-31 页边距设置

综合练习

以"Word 练习.docx"为素材,做如下操作,操作结果参见"Word 练习答案.docx"。

1. 文档内容如下

失败也美丽

晚风轻拂过窗帘,月光寂静如水,冷薄的月光透过玻璃窗,洒下一室的冷清,坐在床头,抬眸向窗下的草坪,只见一个女孩手持画笔,在画布上娴熟地涂抹着颜色,一会儿,一朵朵蔷薇便在月光下栩栩如生了。

　　从那一晚开始，我似着了迷似地爱上了画画，并在心中暗下决心，将来一定要成为一名画家。于是我迫不及待在文具店买了专业的素描本和铅笔便开始了追梦的旅程。

　　第一次作画，我早早地来到家附近的公园，迎着清晨的阳光，踏着潮湿的石子路，怀着满心的希望我郑重其事地开始了第一次作画。绿色的草地，淡蓝的远山，还有晨练的老人，尽管画面的景物有贻笑大方的嫌疑，我却乐在其中，感觉自己就是一位丹青妙手。

　　为早日实现自己的梦想，我加快了追梦的脚步，晨时，大多数人还在睡梦中时，我便已经醒来，在外面摆好椅子，在纸上涂抹出日出的样子。夜晚，便在月光的照耀下，坐在草地上，随手涂鸦。日子一天天过去，虽然我是这样努力的练习，本上的一幅幅画作依然都幼稚得像儿童的连环画，我知道我缺少作画的天赋，但我没有放弃，依旧努力的练习着。

　　有一次，学校举办了绘画比赛，一些爱恶作剧的同学起哄把我报上去，老师用眼神询问我，我终于硬着头皮答应了。可我知道我的画作那么幼稚，会丢脸吧！但我还是想尽力一试。终于到了比赛那天，现场作画令我紧张不已，原就已经歪歪扭扭的线条更是时断时续，终于我忍不住了，抱紧画本冲出了比赛现场，并发誓再也不画画了。

　　时光飞逝，一晃几年过去了，旧日的画本依旧留在床头，可我却再也没有翻动它的念头了。有些梦想注定是不能实现的，可追梦的人依旧执着地要为那已经炒熟了的种子浇灌汗水，倾注心血，只因为相信人生会有奇迹。有时奇迹没有出现，可曾经为之拼搏的岁月却增补了人生的履历，让它变得丰富。因为失败让他明白：追求很美，洒过了汗水的失败，也同样美。

2. 完成下列操作

（1）将全文首行缩进两个字符。

（2）将标题设为居中、楷体、三号、加粗、蓝色。

（3）将所有"我"设为四号、绿色、斜体并加着重号。

（4）将"失败也美丽"加绿色边框，紫色底纹。

（5）将"因为失败让他明白：追求很美，洒过了汗水的失败，也同样美。"设为字符缩放150%，红色。

（6）将"有一次"设为字符间距加宽2磅。

（7）将文中第一段的起始"晚"字设为首字下沉2行。

（8）将第二段段落间距设为段前1行，段后0.5行，左缩进2字符，右缩进2字符。

（9）将最后一段设为浅绿色，2.25磅方框，底纹填充为黄色。

（10）将页面边框设为艺术型"气球"，10磅。

（11）将页边距设为上、下2厘米，左、右3厘米，纸型设为B5，纵向。

（12）在第一页左下角插入剪贴画"花"，环绕方式为四周型环绕，调整图片大小。

（13）在页脚增加页码，页码样式为"加粗显示的数字2"。

（14）将文件另存为"失败也美丽"。

第2章 电子表格处理软件Excel 2010

Microsoft Office 程序包中提供了电子表格的处理程序 Excel。Excel 不仅可以处理表格，而且可以完成数据计算、数据分析，并可以根据数据计算的结果生成各种分析模型，为各种业务决策提供依据。它被广泛应用于会计和销售等与数据相关的领域。

Excel 2010 较以前版本提供了许多新的功能。

1. 新增了迷你图和切片器

迷你图可以在很小的空间显示数据的变化趋势，为需要以可视化方式简易地显示数据趋势的场合提供了便利。切片器用来筛选数据透视表中的数据，它可以快速地对数据进行分段和筛选，是一种可视性极强的筛选方法。

2. 新增搜索筛选器

通过搜索筛选器可以快速找到所需内容，解决了在大型工作表中查找所需内容难的问题。

3. 改进图片编辑工具

在 Excel 2010 中新增了屏幕快照功能，可以将屏幕快照插入工作簿中；新增的 Smart Art 图形布局，可以借助图片说明事例；还新增了图片的艺术效果，包括铅笔素描、马赛克气泡等效果。

2.1 认识 Excel 2010

知识储备

2.1.1 启动 Excel 2010

常用的 Excel 2010 的启动方法如下：

（1）单击"开始"按钮，在弹出的"开始"菜单中选择"所有程序"→"Microsoft Office"→"Microsoft Excel 2010"命令，启动 Excel 2010，进入工作界面。

（2）双击桌面中的 Excel 2010 快捷方式图标。

（3）打开已有的 Excel 文档的同时启动 Excel 2010。

2.1.2　认识 Excel 2010 的工作界面

Excel 2010 的工作界面由标题栏、快速访问工具栏、功能区、名称框、行号、工作表标签、编辑栏、工作区、状态栏、滚动条、列标、视图按钮、缩放滑块、组成。

（1）标题栏：显示当前编辑的工作簿文件名，当前编辑的工作簿文件名为"工作簿1"，标题栏右侧为最大化/还原按钮 、"最小化"按钮 和"关闭"按钮 ，如图 2-1-1 所示。

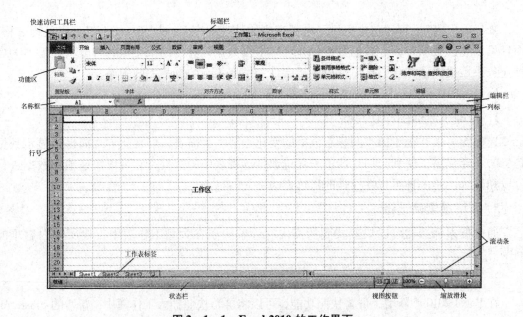

图 2-1-1　Excel 2010 的工作界面

（2）快速访问工具栏：包括一些常用命令，如保存、撤销、恢复及打印预览。快速访问工具栏的常用命令及显示位置可以通过"自定义快速访问工具栏"按钮 设定。例如，在快速访问工具栏中添加"新建"按钮，则单击"自定义快速访问工具栏"按钮 ，在弹出的"自定义快速访问工具栏"菜单（图 2-1-2）中选择"新建"命令，如图 2-1-3 所示。

（3）功能区：由选项卡、选项组及相应的命令按钮组成，如"开始"选项卡中有"剪贴板""字体""对齐方式""数字""样式""单元格"及"编辑"选项组，每个选项组中有常用的命令按钮，如图 2-1-4 所示。

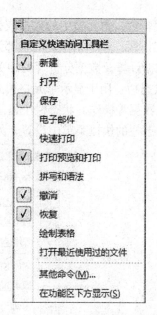

图2-1-2　"自定义快速访问工具栏"菜单　　图2-1-3　在快速访问工具栏添加"新建"按钮

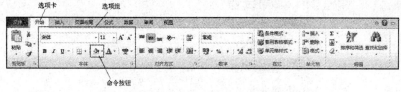

图2-1-4　功能区组成

选项卡、选项组及选项组中的命令按钮的添加、修改和删除可以通过选择"自定义快速访问工具栏"按钮下的"其他命令"完成。在"Excel选项"对话框中的"自定义功能区"选项卡中，用"新建选项卡""新建组""添加"及"删除"按钮完成，如图2-1-5所示。

图2-1-5　选项卡、选项组及命令按钮的添加及删除

（4）编辑栏：单元格中的数据或公式可以通过编辑栏输入或编辑。

（5）工作区：整个工作表的全部元素都在工作区，在该区域内可以进行数据输入、图片插入、数据计算及数据分析等的相关操作。

（6）状态栏：用于显示单元格模式等信息，如状态栏显示"就绪"，表示可以进行向单元格输入数据等操作。状态栏中显示的信息内容可以通过在状态栏空白处右击，在弹出的自定义状态栏的快捷菜单中设置，如图 2-1-6 所示。

图 2-1-6 "自定义状态栏"菜单

（7）滚动条：分为水平滚动条和垂直滚动条。当工作区不能完全容纳要显示的内容时，在工作区的右侧或下方会出现滚动条，通过拖动滚动条可浏览相关内容。

（8）视图按钮：用于改变文档的浏览方式，包括普通视图 ▦、页面布局 ▤、分页预览 ▥ 三种方式。

（9）缩放滑块：通过左、右移动缩放滑块可以改变文档的显示比例，也可以单击

"缩放级别"按钮 100%，在弹出的"显示比例"对话框中进行调整，如图 2-1-7 所示。

图 2-1-7 "显示比例"对话框

2.1.3 退出 Excel 2010

当完成工作簿编辑时，可以通过选择"文件"选项卡中的"退出"命令退出 Excel 2010 程序，如图 2-1-8 所示；也可以通过标题栏的"关闭"按钮，关闭所有 Excel 2010 文档后退出。

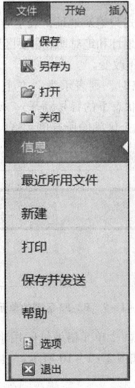

图 2-1-8 通过"文件"选项卡退出程序

2.1.4 Excel 2010 的基本概念

1. 工作簿

工作簿是 Excel 2010 用来存储并处理工作数据的文件,一个工作簿最多可以包含 255 张工作表,新建工作簿时默认有三个工作表 Sheet1、Sheet2、Sheet3,在工作簿中也可以存放图表等信息。

2. 工作表

Excel 2010 工作表是由 1048576 行和 16384 列构成的表格,在表格中可以输入并编辑数据,它是工作簿的组成部分,每一个工作表对应一个工作表名称,如默认的工作表名称 Sheet1,也可以自定义工作表名称。

3. 单元格

单元格是工作表的组成部分,行与列交叉形成了单元格,在工作表中输入的数据实际保存在单元格中,这些数据可以是数字、公式、图片等。每一个单元格对应一个地址,由列标和行号组成,如 A3,表示第 A 列第 3 行的单元格。在地址前面加上工作表的名称可以用来区分不同工作表的单元格,如 Sheet1!A3 表示 Sheet1 工作表中的 A3 单元格,而 Sheet2!A3 则表示 Sheet2 工作表中的 A3 单元格,这种单元格地址的表示方式称为单元格的相对地址。

单元格的另一种表示地址的方式为绝对地址,表示方法为 $列号$行号,如 A3,表示 A 列的第 3 行的单元格。相对地址和绝对地址主要区别表现在复制公式时,相对地址随着位置变化而变化,而绝对地址并不改变。

当表示一个矩形区域的单元格时,则表示为"左上角单元格地址:右下角单元格地址"(两个单元格地址之间用半角状态下的冒号隔开)。例如,B2:F3,表示从 B 列第 2 行单元格开始到 F 列第 3 行单元格这个区间的所有单元格,如图 2-1-9 所示。

图 2-1-9 B2:F3 区域的单元格

当表示非连续单元格区域时,两个单元格地址间用半角状态下的逗号隔开,如"B2,F3"表示 B2 和 F3 两个单元格,如图 2-1-10 所示。

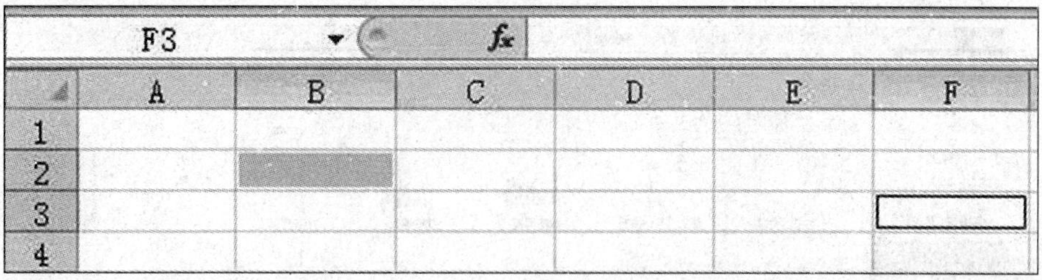

图 2-1-10　B2 和 F3 两个单元格

4. 当前活动工作表及活动单元格

正在操作的工作表为当前活动工作表，被选中的单元格为活动单元格，单元格的四周有黑框。如图 2-1-11 所示，当前活动工作表为 Sheet1，活动单元格为 B3。

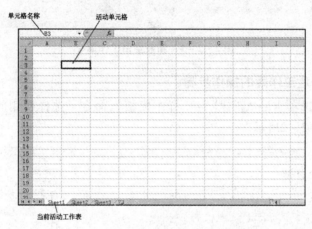

图 2-1-11　活动工作表及活动单元格

2.2　Excel 2010 的基本操作

知识储备

2.2.1　新建工作簿

新建工作簿可以创建空白工作簿，也可以根据 Excel 2010 中提供的如会议议程、图表、预算、日历等自带模板创建所需要的工作簿，再根据实际需要对模板进行调整。

1. 新建空白工作簿的操作步骤

单击"文件"选项卡→"新建"→"空白工作簿"→"创建"按钮，如图 2-2-1 所示。

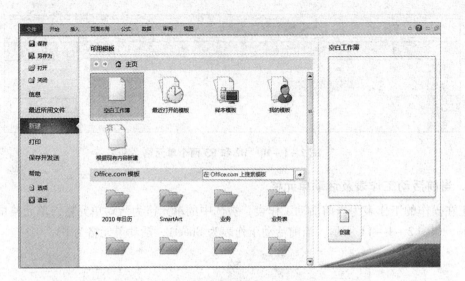

图 2-2-1 新建空白工作簿

2. 根据模板创建工作簿的操作步骤

选择"文件"选项卡→"新建"→"样本模板"命令，选择所用的模板，单击"创建"按钮，如图 2-2-2 所示。

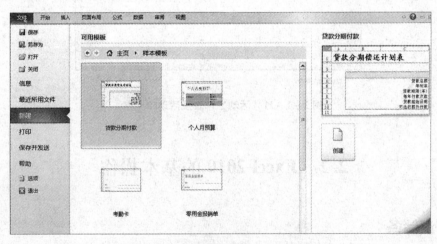

图 2-2-2 根据样本模板创建工作簿

除此之外还可以选择网络中的模板创建工作簿。

2.2.2 保存工作簿

保存工作簿的操作步骤如下：

（1）对于新文件，选择"文件"选项卡中的"保存"命令，在弹出的"另存为"对话框中输入保存位置及文件名，单击"保存"按钮即可，如图 2-2-3 和图 2-2-4 所示。

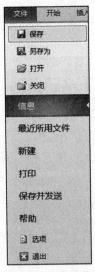 

图 2-2-3 "保存"命令　　　　图 2-2-4 "另存为"对话框

（2）如果是保存已有文件，则单击"保存"按钮或按 Ctrl + S 组合键即可，也可以单击快速访问工具栏中的"保存"按钮。

（3）如要在原有工作簿的基础上再另外保存一个相同的工作簿，则选择"文件"选项卡中的"另存为"命令。

2.2.3 打开工作簿

对已经存在的工作簿进行编辑时，首先要将该工作簿打开。可以找到该文件后双击直接打开；也可以选择 Excel 2010 中的"文件"选项卡中的"打开"命令，在弹出的"打开"对话框中找到该文件，单击"打开"按钮，如图 2-2-5 和图 2-2-6 所示。

 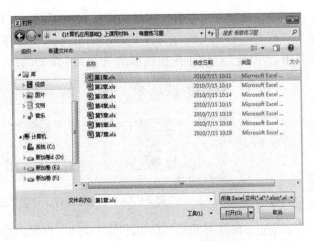

图 2-2-5 "打开"命令　　　　图 2-2-6 "打开"对话框

2.2.4 关闭工作簿

关闭工作簿有如下几种方法：
方法一：选择"文件"选项卡中的"关闭"命令，如图2-2-7所示。

图2-2-7 "关闭"命令

方法二：单击窗口右上角的"关闭"按钮，如图2-2-8所示。

图2-2-8 "关闭"按钮

在工作簿被关闭之前，如果工作簿没有保存，则弹出是否保存工作簿的警告对话框，单击"保存"按钮则保存文件并关闭，单击"不保存"按钮则放弃对文件的修改并关闭工作簿，单击"取消"按钮则取消关闭工作簿的操作，如图2-2-9所示。

图2-2-9 是否保存工作簿的警告对话框

方法三：在退出Excel 2010的同时关闭工作簿，操作方法同Word 2010的退出方法。

任务设计

实例 7

打开“成绩表.xlsx”，将王朝的数学成绩改为“67”，保存并关闭工作簿。

任务分析

本任务要求打开工作簿，更改后保存并关闭工作簿。通过该实例熟练掌握工作簿的打开、保存及关闭的操作步骤，熟悉单元格地址的表示方法。

任务实现

操作步骤如下：

（1）选择“文件”选项卡的“打开”命令，在弹出的“打开”对话框中找到“成绩表.xlsx”，单击“打开”按钮，如图 2－2－10 所示。

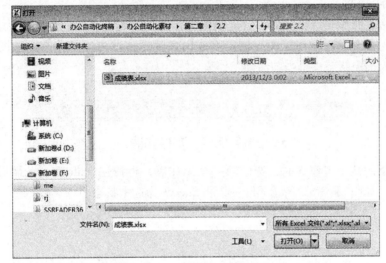

图 2－2－10　打开“成绩表.xlsx”

（2）选中 E8 单元格，输入“67”，如图 2－2－11 所示。

成绩表.xls [兼容模式]

	A	B	C	D	E	F
1	初一二班学生成绩表					
2	学号	姓名	计算机	英语	数学	政治
3	3101001	李秋来	98	90	97	93
4	3101002	王洪举	43	42	70	
5	3101003	张千平	84	82	87	98
6	3101004	刘百支		89	76	28
7	3101005	黄安	88	70	76	65
8	3101006	王朝	95	78	67	32
9	3101007	秋云	23	61		94
10	3101008	析军	64	32	72	29

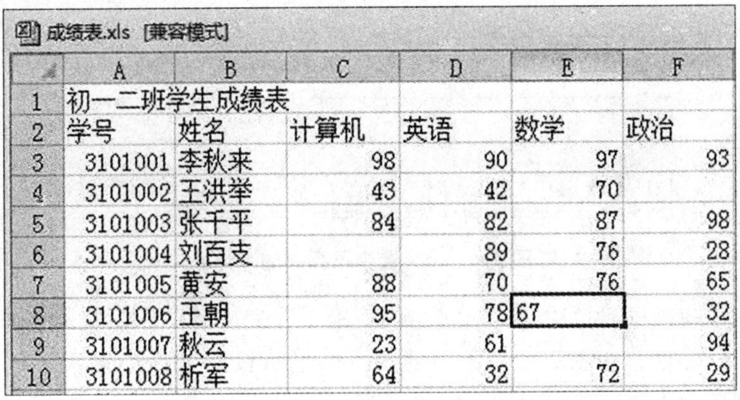

图 2－2－11　将王朝的数学成绩改为“67”

（3）单击快速访问工具栏的"保存"按钮。
（4）单击窗口中的"关闭"按钮。

2.3 工作表的基本操作

■ 知识储备

2.3.1 管理工作表

工作表是工作簿的重要组成部分，对工作簿的编辑从某种意义上来说主要是对工作簿中工作表的编辑，因此管理工作表是非常重要的。

1. 选择工作表

对工作表进行编辑等操作时，首先要选择需要编辑的工作表，将它变为活动工作表。在工作表的标签上单击，使工作表标签变成白色显示，即为选中状态。如图 2-3-1 所示，Sheet1 为选中状态，是当前活动工作表。

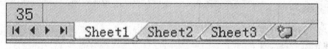

图 2-3-1 选中工作表

选择相邻的几个工作表时，选中第一个工作表，再按住 Shift 键，在最后一个工作表标签上单击。如图 2-3-2 所示，Sheet2 和 Sheet3 为选中状态。

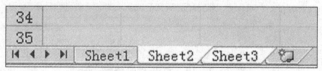

图 2-3-2 选中相邻工作表

选择不相邻的工作表时，先选中第一张工作表，再按住 Ctrl 键，在需要选择的工作表标签上单击。如图 2-3-3 所示，Sheet1 和 Sheet3 为选中的工作表。

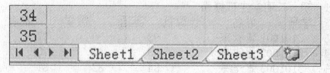

图 2-3-3 选中不相邻的工作表

当多个工作表被同时选中时，对其中的一个工作表进行操作，其他工作表也会自动产生相同的操作。例如，在图 2-3-3 中的 Sheet1 的 A33 单元格中输入"1"，则 Sheet3 的 A33 单元格也自动执行同样的操作，输入"1"。

2. 插入工作表

插入工作表的方法有以下几种：

方法一：单击"插入工作表"按钮  或按 Shift + F11 组合键，则在最后一个工作表后面插入一个工作表。

方法二：选中一个工作表，单击"开始"选项卡→"单元格"→"插入"按钮（图 2-3-4），在展开的下拉列表中选择"插入工作表"命令（图 2-3-5），则在选中的工作表前面插入一个工作表。例如，选中 Sheet2，单击"插入工作表"按钮后，在 Sheet2 前面插入工作表 Sheet4。

图 2-3-4 "插入"按钮

图 2-3-5 "插入工作表"命令

方法三：选中工作表后，右击，在弹出的快捷菜单中选择"插入"命令，如图 2-3-6 所示。

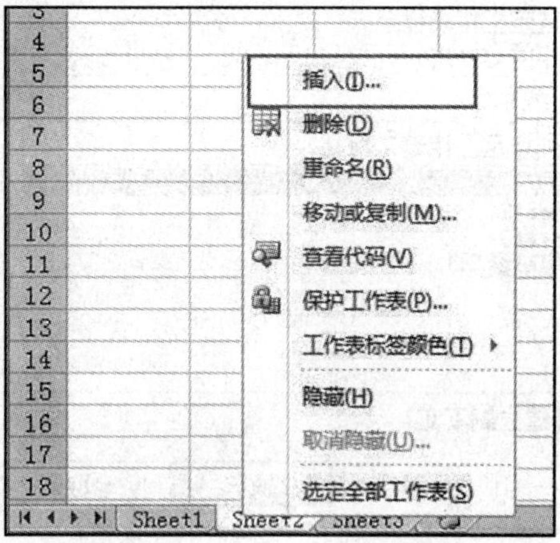

图 2-3-6 右键快捷菜单

3. 重命名工作表

为了便于管理，明确工作表的内容，在实际操作过程中，需要将工作表的名称改为有代表意义的名称，如财会部门人员信息表、人事部门人员信息表等。

重命名工作表的方法如下：

方法一：在工作表标签上双击，文字呈选中状态后（图2-3-7），输入新的文件名，按 Enter 键。

图2-3-7 双击后选中文字

方法二：选中工作表标签后，右击，在弹出的快捷菜单中选择"重命名"命令，输入文件名。

4. 移动工作表

移动工作表的操作方法如下：

方法一：选中工作表后按住鼠标左键拖动工作表标签，在工作表标签处出现一个小三角，当移动小三角到目标位置后，释放鼠标，即完成了工作表的移动，如图2-3-8所示，将 Sheet2 移到了 Sheet3 后面。

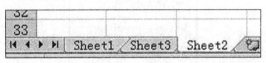

图2-3-8 移动工作表

方法二：选中工作表标签，右击，在弹出的快捷菜单中选择"移动或复制"命令，在弹出的"移动或复制工作表"对话框中，选择目标位置，包括目标工作簿，选定移动到哪个工作表前，单击"确定"按钮，如图2-3-9所示。

图2-3-9 "移动或复制工作表"对话框

5. 复制工作表

工作表的复制方法如下：

方法一：选定工作表，按住 Ctrl 键，拖动工作表标签至新位置，释放鼠标。

方法二：选中工作表标签，右击，在弹出的快捷菜单中选择"移动或复制"命令，在弹出的"移动或复制工作表"对话框中，选择目标位置，包括目标工作簿，选定移动在哪个工作表前，勾选"建立副本"复选框，单击"确定"按钮，如图 2-3-10 所示。

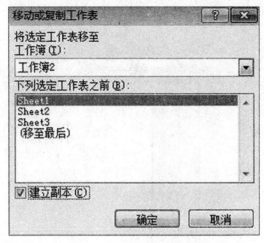

图 2-3-10　复制工作表

2.3.2　编辑工作表

2.3.2.1　选取操作

对单元格输入数据、计算等操作，需要先选取要进行编辑的单元格。单元格的选取有以下几种情况：

（1）选中任意一个单元格。单击需要选择的单元格，选择后该单元格变为活动单元格，名称框显示该单元格的地址，如图 2-3-11 所示。

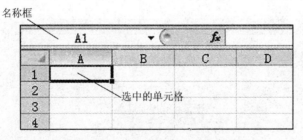

图 2-3-11　选中任意一个单元格

（2）选择整行。单击要选择行的行号，如图 2-3-12 所示。

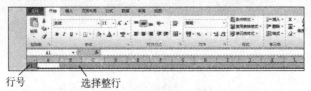

图 2-3-12　选择整行

（3）选择整列。单击要选择列的列标，如图2－3－13所示。

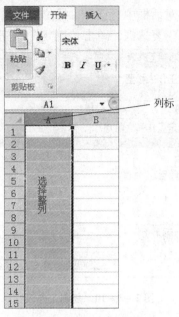

图2－3－13　选择整列

（4）选择整个工作表的单元格。单击工作表行号与列标交叉位置的全选按钮，如图2－3－14所示。

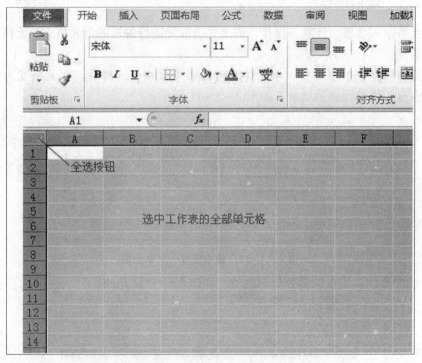

图2－3－14　选择整个工作表的单元格

(5) 选择连续区域。单击第一个单元格后按住 Shift 键，单击区域的最末一个单元格；也可以选中第一个单元格后按住鼠标左键拖动到最末一个单元格。例如，选择单元格区域 B2:D6，则单击 B2 单元格后，在按住 Shift 键的同时，单击 D6 单元格；也可以选中 B2 单元格后按住鼠标左键拖动到 D6 单元格，如图 2-3-15 所示。

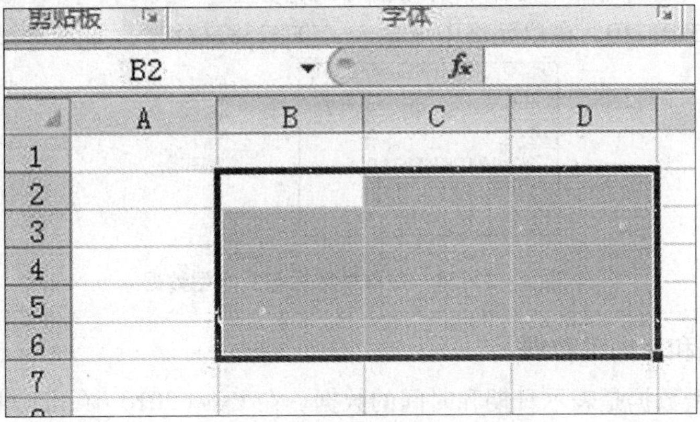

图 2-3-15 选择连续区域

(6) 选取不连续区域。单击第一个单元格后按住 Ctrl 键，再单击要选择的单元格。例如，选中"A2，C3，D4"单元格，单击 A2 单元格后，在按住 Ctrl 键的同时，依次单击 C3 和 D4 单元格。再如，选择单元格区域"A2，C3:D4"，则单击 A2 单元格后，在按住 Ctrl 键的同时，按住鼠标左键从 C3 拖动到 D4 单元格，如图 2-3-16 和图 2-3-17 所示。

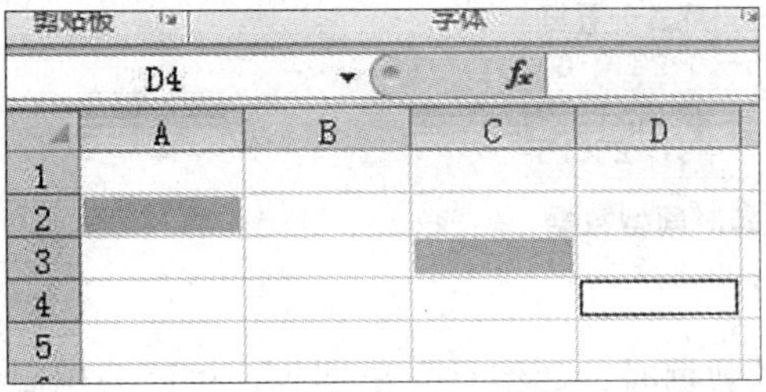

图 2-3-16 选中"A2，C3，D4"单元格 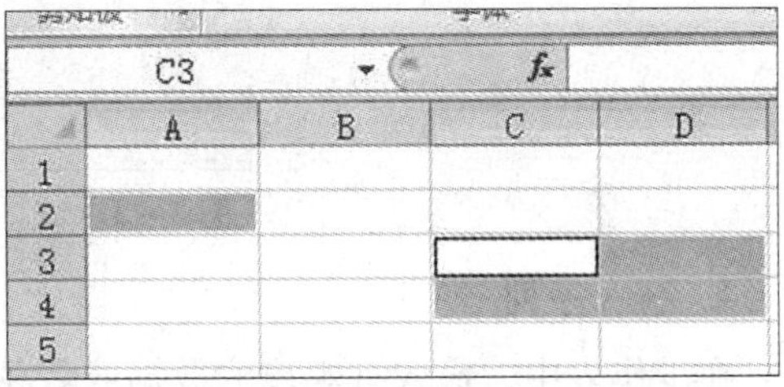　　图 2-3-17 选择单元格区域"A2，C3:D4"

(7) 取消选中的单元格。在工作表的任意位置单击即可取消选中的所有单元格。

2.3.2.2 在工作表中输入数据

工作表中单元格的数据类型分为数值、文本、日期和时间等几种。

1. 输入数值型数据

数值型数据：可用来运算的由阿拉伯数字及正号、负号、小数点等组成的数字。当数值前没有正负号时，默认为正值。数值型数据在单元格中的对齐方式默认为右对齐。单击单元格直接输入数据即可，也可在需要输入数值的单元格上双击，当光标在单元格内时，输入所需数值。

2. 输入文本型数据

在 Excel 2010 中只要不被系统识别为数值型、日期和时间型数据，都默认为文本型。文本型数据在单元格中默认的对齐方式为左对齐。文本型数据的输入方法和数值型数据的输入方法相同，只是当输入如邮编、身份证号码等数值型文本时，可在数字前加"'"，如输入电话号 02425821710，在单元格中可输入"'02425821710"，如图 2-3-18 所示。

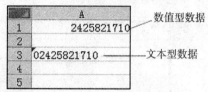

图 2-3-18　数据型数据与文本型数据

3. 输入日期和时间型数据

日期和时间型数据是表示日期和时间的数据。在 Excel 2010 中，日期和时间型数据以数字的形式存储在单元格中，输入日期和时间数据，可以在年月日之间用"-"或者"/"隔开，如输入 2015 年 10 月 25 日，则可输入"2015-10-25"或"2015/10/25"，数据被系统识别后会根据单元格设定的日期和时间格式显示，如图 2-3-19 所示。

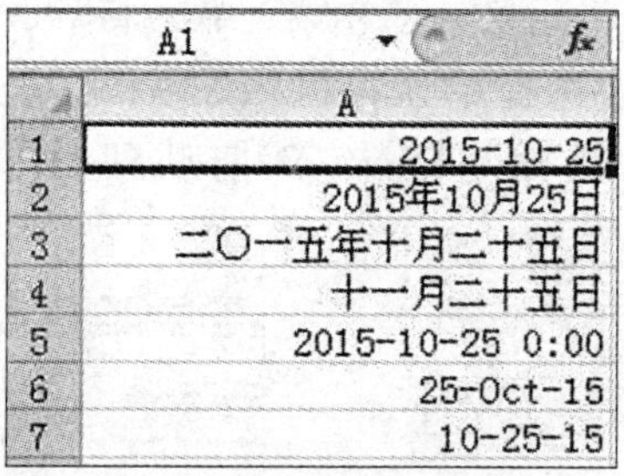

图 2-3-19　日期和时间型数据

4. 输入序列

在工作表中，输入有规律的数据或者相同的数据时，如编号、星期等，可以采用序列的输入方式输入。

（1）相同数据的输入方法。选中需要输入相同数据的单元格，输入需要输入的数据，按 Ctrl + Enter 组合键；也可以输入文本后，选中填充柄，按住鼠标左键拖动到最后一个单元格。

例如，在单元格区域 B1:B5 中输入性别女，则先选择单元区域 B1:B5，输入"女"，按 Ctrl + Enter 组合键；也可在 B1 单元格中输入"女"，选中填充柄，按住鼠标左键向下填充，如图 2-3-20 所示。

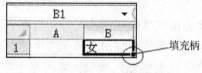

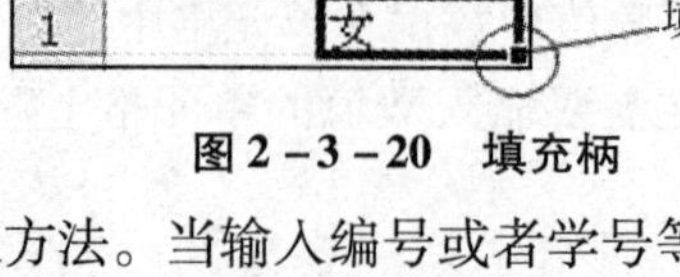

图 2-3-20　填充柄

（2）有规律数据的输入方法。当输入编号或者学号等有规律的数据时，可以先输入第

1个和第2个单元格数据,然后拖动填充柄填充。例如,在单元格区域 A1:A5 分别输入1、2、3、4、5,则先在 A1 单元格输入"1",在 A2 单元格输入"2",选中 A1 和 A2 单元格,拖动 A2 单元格的填充柄至 A5,即完成输入,如图 2-3-21 所示。

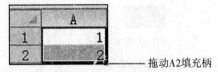

图 2-3-21 有规律数据的填充

除了上述方法外,也可以单击"开始"选项卡→"编辑"→"填充"按钮,在展开的下拉列表(图 2-3-22)中选择"系列"命令,在弹出的"序列"对话框(图 2-3-23)中根据需要设置合适的类型及参数,完成序列数据的填充。

图 2-3-22 "填充"下拉列表

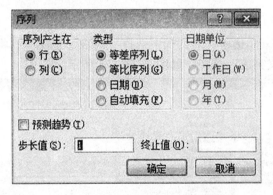

图 2-3-23 "序列"对话框

5. 自定义填充

在自动填充的类型无法满足用户需要时,还可以自定义填充序列,再拖动填充柄填充数据。自定义填充序列的方法如下:

选择"文件"选项卡中的"选项"命令,在弹出的"Excel 选项"对话框中选择"高级"选项卡,将垂直滚动条拖到最下端,单击"编辑自定义列表"按钮,在弹出的"自定义序列"对话框中,输入需要设置的序列,单击"添加"按钮,再单击"确定"按钮,关闭"Excel 选项"对话框,然后按照拖动填充柄的方法添加序列数据。

例:在单元格区域 A1:A5 分别填充计算机一班、计算机二班、计算机三班、计算机四班、计算机五班。

操作步骤如下：

(1) 选择"文件"选项卡中的"选项"命令，如图 2-3-24 所示。

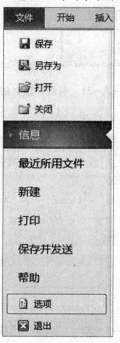

图 2-3-24 "文件"选项卡中的"选项"命令

(2) 在弹出的"Excel 选项"对话框中选择"高级"选项卡，将垂直滚动条拖到最下端，单击"编辑自定义列表"按钮，如图 2-3-25 所示。

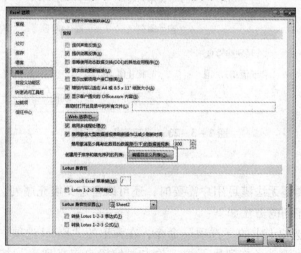

图 2-3-25 单击"编辑自定义列表"按钮

(3) 在弹出的"自定义序列"对话框中输入"计算机一班，计算机二班，计算机三班，计算机四班，计算机五班"（注意：此处逗号为半角状态下逗号），如图 2-3-26 所示。

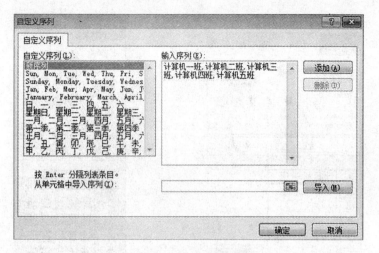

图 2-3-26 输入序列

(4) 单击"添加"按钮,填充序列后效果如图 2-3-27 所示。

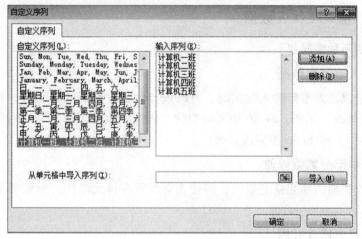

图 2-3-27 填充序列后效果

(5) 单击"Excel 选项"对话框中的"确定"按钮,关闭该对话框。
(6) 在 A1 单元格输入"计算机一班",如图 2-3-28 所示。

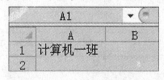

图 2-3-28 输入数据

(7) 拖动填充柄到 A5 单元格,如图 2-3-29 所示。
(8) 最终效果如图 2-3-30 所示。

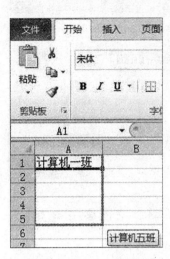
图 2－3－29　拖动填充柄填充

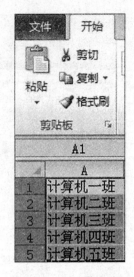
图 2－3－30　最终效果

2.3.2.3　修改工作表数据

修改数据的几种情况如下：

1. 重新输入单元格数据

当数据有错误或者重新输入数据时，可以选择要更改数据的单元格，然后输入数据，按 Enter 键完成修改。例如，将 A6 单元格中的"张红"改为"李月"，则选中 A6 单元格，直接输入"李月"，按 Enter 键完成修改。

2. 单元格中部分数据修改

在需要修改数据的单元格上双击，将插入点设置在单元格内，删除需要更改的数据，再重新输入。

3. 在编辑栏内修改数据

选中需要修改数据的单元格，将鼠标指针放在编辑栏中，删除需要修改的数据，再重新输入数据。例如，将 A2 单元格的"计算机二班"改为"计算机六班"，则选中 A2 单元格，将鼠标指针放在编辑栏单击，删除"二"字，输入"六"字，完成修改，如图 2－3－31 所示。

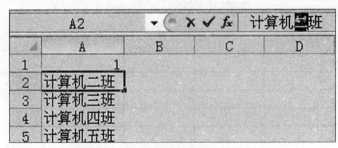
图 2－3－31　在编辑栏内修改数据

2.3.2.4 删除工作表数据

选中需要清除数据的单元格,单击"开始"选项卡→"编辑"→"清除"按钮,清除单元格的内容或格式,也可以全部清除,如图2-3-32所示。

图2-3-32 "清除"下拉列表

2.3.2.5 复制或移动工作表数据

复制或移动工作表数据的操作步骤如下:
(1)选择需要复制或移动的单元格。
(2)单击"开始"选项卡→"剪贴板"→"复制"(图2-3-33)或"剪切"按钮(或者按Ctrl+C或Ctrl+X组合键),此时被选中的单元格四周被包围在动态虚线框中(取消虚线框可以按Esc键)。
(3)选择目标单元格。
(4)单击"开始"选项卡→"剪贴板"→"粘贴"按钮(或者按Ctrl+V组合键),也可以在"粘贴"下拉列表中选择需要的粘贴形式,完成数据的复制或移动,如图2-3-34所示。

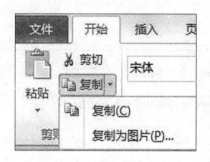

图2-3-33 "复制"下拉列表

图2-3-34 "粘贴"下拉列表

2.3.2.6 插入工作表数据

在编辑工作表过程中，当数据有遗漏时可以随时插入行、列或单元格进行修正。

1. 插入行或列

插入行或列的操作步骤如下：在要插入行或列的位置选中任意单元格，单击"开始"选项卡→"单元格"→"插入"按钮，在展开的下拉列表中选择"插入工作表行"或"插入工作表列"命令，选中单元格所在的行下移或右移。

例：在图2-3-35所示的"销售报表.xlsx"中插入一行设为标题行，输入标题"小家电销售表"；在"单价"前插入一列，作为"销售员"填充列。

	A	B	C	D	E	F
1			商品代码	商品名称	单价	数量
2			101	吸尘器	876.49	19
3			102	加湿机	387.00	35
4			103	饮水机	234.00	17
5			104	电饭煲	126.99	9
6			105	电磁炉	584.44	62
7			106	吸尘器	876.49	21
8			107	录音笔	135.65	8
9			108	加湿机	387.00	13
10			109	电饭煲	126.99	35

图2-3-35 销售报表

操作步骤如下：

（1）选中A1单元格。

（2）单击"开始"选项卡→"单元格"→"插入"按钮，在展开的下拉列表中选择"插入工作表行"命令，如图2-3-36所示。

图2-3-36 插入工作表行

（3）选中C1单元格，输入"小家电销售表"，如图2-3-37所示。

（4）选中E2单元格。

（5）单击"开始"选项卡→"单元格"→"插入"按钮，在展开的下拉列表中选择"插入工作表列"命令，如图2-3-38所示。

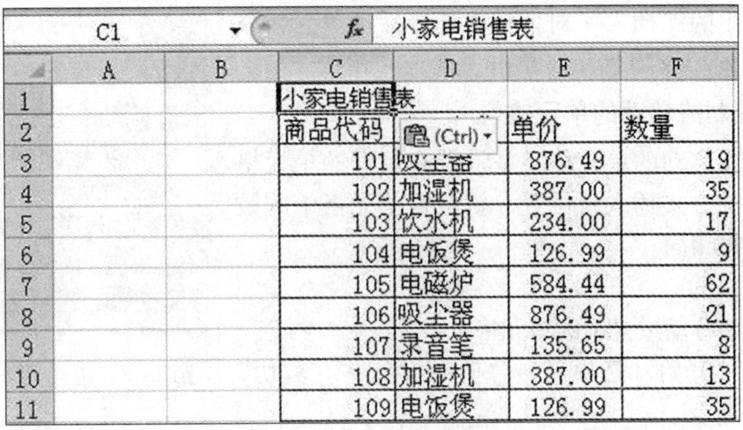

图 2-3-37 插入标题行

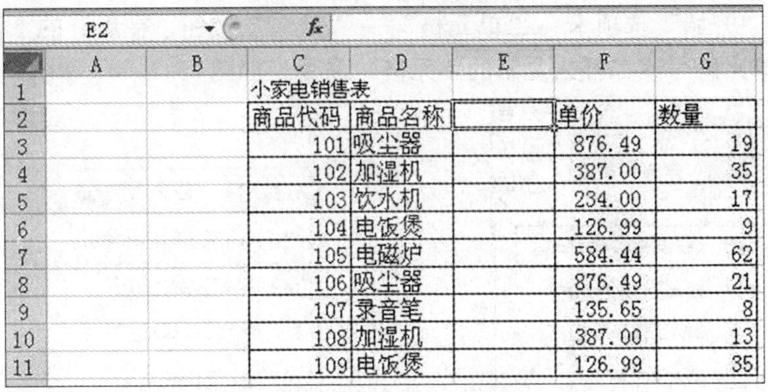

图 2-3-38 插入工作表列

（6）在 E2 单元格输入"销售员"。最终效果如图 2-3-39 所示。

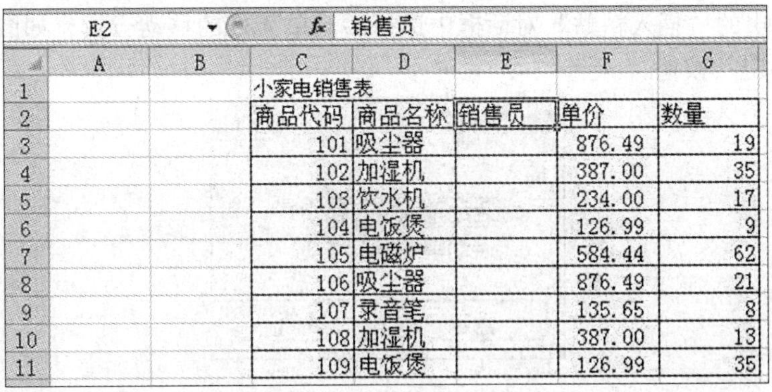

图 2-3-39 最终效果

2. 插入空白单元格

插入空白单元格的操作步骤如下：

（1）在需要插入单元格的位置选定单元格区域。

（2）单击"开始"选项卡→"单元格"→"插入"按钮，在展开的下拉列表中选择"插入单元格"命令。

(3) 在弹出的"插入"对话框中选择活动单元格移动方式，如图2-3-40所示。单击"确定"按钮。

3. 插入复制或移动的单元格

插入复制或移动的单元格，是将带有数据的单元格以复制或移动的方式插入新位置，新位置单元格中的数据与原位置数据相同。

操作步骤如下：

（1）选中要移动或复制的单元格。

（2）单击"开始"选项卡→"剪贴板"→"剪切"或"复制"按钮。

图2-3-40 "插入"对话框

（3）选中待插入单元格位置的单元格。

（4）单击"开始"选项卡→"单元格"→"插入"按钮，在展开的下拉列表中选择"插入剪切的单元格"或"插入复制的单元格"命令，如图2-3-41和图2-3-42所示。

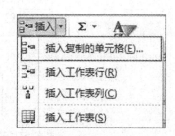

图2-3-41 插入剪切的单元格　　　图2-3-42 插入复制的单元格

（5）在弹出的"插入粘贴"对话框中选择活动单元格的移动方式，如图2-3-43所示。单击"确定"按钮。

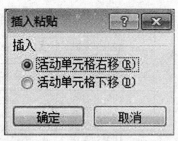

图2-3-43 "插入粘贴"对话框

注意：插入行、列或单元格的数量与选中的行、列或单元格的数量相同。

2.3.2.7 删除行、列或单元格

在编辑工作表时，对于多余的数据可以删除，删除的步骤如下：

（1）选中需要删除的行、列或单元格。

(2) 单击"开始"选项卡→"单元格"→"删除"按钮。

(3) 根据需要在展开的下拉列表中选择"删除单元格""删除工作表行""删除工作表列"命令,如图2-3-44所示。

图2-3-44 "删除"下拉列表

如选择"删除单元格"命令,则在弹出的"删除"对话框(图2-3-45)中选择单元格的移动方向并单击"确定"按钮。

图2-3-45 "删除"对话框

2.3.2.8 查找、替换和定位工作表数据

在工作表中不但可以批量查找所需内容,还可以将查找的内容替换成新的内容。

1. 查找数据

查找数据的操作步骤如下:

(1) 单击"开始"选项卡→"编辑"→"查找和选择"按钮,如图2-3-46所示。

图2-3-46 "查找和选择"按钮

(2) 在展开的下拉列表中选择"查找"命令,如图2-3-47所示。

图 2-3-47 "查找"命令

(3) 在弹出的"查找和替换"对话框中输入查找内容,如图 2-3-48 所示。

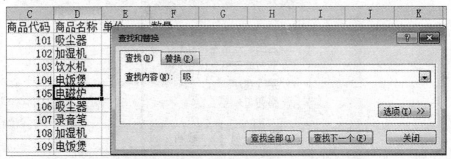

图 2-3-48 以"小家电销售表"为例查找"吸"字

(4) 单击"查找全部"或"查找下一个"按钮。若单击"查找全部"按钮,则在"查找和替换"对话框下方显示所有单元格位置,如图 2-3-49 所示。

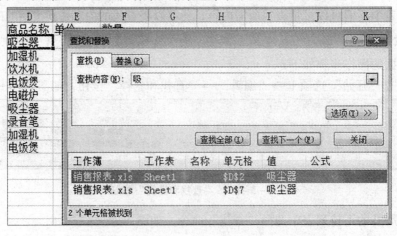

图 2-3-49 单击"查找全部"按钮的显示结果

如单击"查找下一个"按钮,则选中离活动单元格最近的第一个带查找内容的单元格,如图 2-3-50 所示。

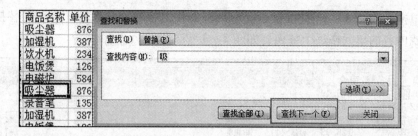

图 2-3-50 单击"查找下一个"按钮的显示结果

2. 替换数据

替换数据功能能够完成将工作表中的数据替换为指定的数据。
操作步骤如下：
(1) 单击"开始"选项卡→"编辑"→"查找和选择"按钮。
(2) 在展开的下拉列表中选择"替换"命令，如图 2-3-51 所示。

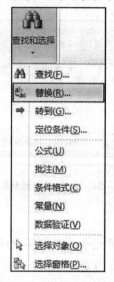

图 2-3-51 "替换"命令

(3) 在弹出的"查找和替换"对话框中输入查找内容和替换内容，如图 2-3-52 所示。

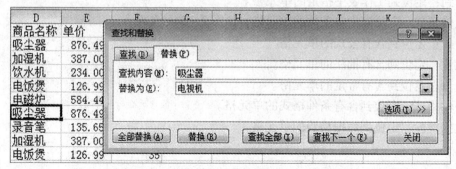

图 2-3-52 将"吸尘器"替换为"电视机"

(4)单击"查找下一个"按钮,选中带有查找内容的单元格后,单击"替换"按钮,将含有查找内容的单元格逐个替换,如图2-3-53所示。

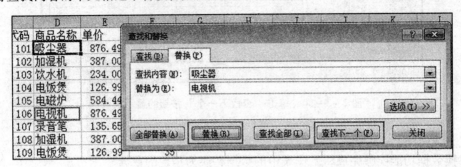

图2-3-53 单击"查找下一个"和"替换"按钮

也可以直接单击"全部替换"按钮,将工作表中所有查找内容全部替换为新内容,如图2-3-54所示。

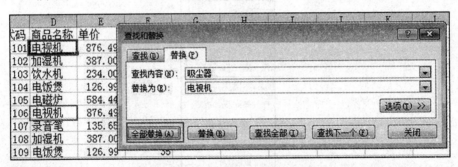

图2-3-54 单击"全部替换"按钮

3. 定位数据

当工作表数据较多,要对某个单元格或含特定条件的单元格进行操作时,可以利用定位功能快速选中单元格,为后续操作打下基础。

具体的操作步骤如下:

(1)单击"开始"选项卡→"编辑"→"查找和选择"按钮。

(2)在展开的下拉列表中根据需要选择不同的命令,如图2-3-55所示。

转到:定位到工作表中指定的单元格。

定位条件:定位到指定条件的单元格,如图2-3-56所示。

公式:定位到含有公式的单元格。

批注:定位到含有批注的单元格。

常量:定位到含有常量的单元格。

条件格式:定位到含有条件格式的单元格。

数据检验:定位到数据检验的单元格。

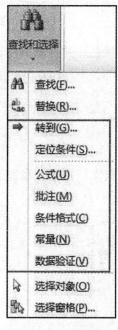
图 2-3-55 定位命令

图 2-3-56 "定位条件"对话框

2.3.2.9 撤销和恢复工作表数据

在对工作表编辑时，当出现了误操作时可以撤销刚刚进行的操作，也可以恢复到撤销命令执行前的状态。撤销操作可以按 Ctrl+Z 组合键，也可以单击快速访问工具栏的"撤销"按钮。恢复操作可以按 Ctrl+Y 组合键，也可以单击快速访问工具栏的"恢复"按钮。

任务设计

实例 8

对"实例 8 素材.xlsx"做如下操作：
(1) 删除 A 列。
(2) 在第 1 行上方插入一行，在 A1 单元格输入"某商场电视机销售情况表"。
(3) 将 F 列"销售部门"移到 B 列"产品名称"后。
(4) 将"月份"改为"编号"，并在所在列输入 1、2、3、4、5。
(5) 计算所有品牌电视机的销售总额。
(6) 将 Sheet1 改名为"某商场电视机销售情况表"。
(7) 以"某商场电视机销售情况表"建立新工作簿"电视机销售情况表"。
(8) 将"某商场电视机销售情况表"中的"A1:C7"复制到 Sheet2 中。
(9) 将 Sheet2 工作表移动到 Sheet3 工作表后，并将表标签设为标准红色。

最终效果见"实例 8 素材最终效果.xlsx"。

■ 任务分析

本任务要求对工作表进行复制、移动、改名并更改表标签颜色，并且对工作表单元格中的数据进行更改、删除等，通过本实例要求熟练掌握工作表的基本操作方法。

■ 任务实现

操作步骤如下：

（1）打开"实例8素材.xlsx"工作簿。

（2）选中A列，单击"开始"选项卡→"单元格"→"删除"按钮，在展开的下拉列表中选择"删除工作表列"命令，效果如图2-3-57所示。

图2-3-57 删除A列后的效果

（3）选中第1行，单击"开始"选项卡→"单元格"→"插入"按钮，在展开的下拉列表中选择"插入工作表行"命令，将鼠标指针放在A1单元格，双击确定插入点，输入"某商场电视机销售情况表"，效果如图2-3-58所示。

图2-3-58 插入标题行后的效果

（4）选中F列，右击，在弹出的快捷菜单中选择"剪切"命令，选中C列，右击，在弹出的快捷菜单中选择"插入剪切的单元格"命令，效果如图2-3-59所示。

图2-3-59 移动"销售部门"列后的效果

（5）选中"月份"，按Delete键删除，输入"编号"，在A3单元格输入"1"，A4单元格输入"2"，选中A3:A4，按住鼠标左键，向下拖动填充柄，效果如图2-3-60所示。

	A	B	C	D	E	F
1	某商场电视机销售情况表					
2	编号	产品名称	销售部门	销售数量	销售价格	销售总额
3	1	TCL	家电一部	105	3560	373800
4	2	海尔	家电一部	253	2688	
5	3	三星	家电二部	56	5612	
6	4	创维	家电一部	213	2456	
7	5	海信	家电二部	18	4632	

图 2-3-60 输入编号后的效果

（6）选中 F3 单元格，按住填充柄向下拖动鼠标，复制公式，效果如图 2-3-61 所示。

	A	B	C	D	E	F
1	某商场电视机销售情况表					
2	编号	产品名称	销售部门	销售数量	销售价格	销售总额
3	1	TCL	家电一部	105	3560	373800
4	2	海尔	家电一部	253	2688	680064
5	3	三星	家电二部	56	5612	314272
6	4	创维	家电一部	213	2456	523128
7	5	海信	家电二部	18	4632	83376

图 2-3-61 复制公式后的效果

（7）双击"Sheet1"，使 Sheet1 文字处于选中状态，输入"某商场电视机销售情况表"，如图 2-3-62 所示。

图 2-3-62 将 Sheet1 改名

（8）选中"某商场电视机销售情况表"工作表，右击，在弹出的快捷菜单中选择"移动或复制"命令，在弹出的"移动或复制工作表"对话框中做图 2-3-63 所示的设置，保存新工作簿为"电视机销售情况表"。

图 2-3-63 建立新工作簿

(9) 选择单元格区域 A1:C7，按 Ctrl + C 组合键，单击 Sheet2 工作表，在 A1 处复制，效果如图 2-3-64 所示。

	A	B	C
1	某商场电视机销售情况表		
2	编号	产品名称	销售部门
3	1	TCL	家电一部
4	2	海尔	家电一部
5	3	三星	家电二部
6	4	创维	家电一部
7	5	海信	家电二部

图 2-3-64　Sheet2 表内容复制效果

(10) 按住 Sheet2，拖动鼠标，出现小三角，当小三角移动到 Sheet3 后时，释放鼠标，右击，在弹出的快捷菜单中选择"工作表标签颜色"→"标准红色"命令，效果如图 2-3-65 所示。

图 2-3-65　移动工作表 Sheet2 并改变标签颜色效果

最终效果如图 2-3-66 所示。

	A	B	C	D	E	F
1	某商场电视机销售情况表					
2	编号	产品名称	销售部门	销售数量	销售价格	销售总额
3	1	TCL	家电一部	105	3560	373800
4	2	海尔	家电一部	253	2688	680064
5	3	三星	家电二部	56	5612	314272
6	4	创维	家电一部	213	2456	523128
7	5	海信	家电二部	18	4632	83376

图 2-3-66　最终效果

2.4 格式化工作表

知识储备

为了使工作表更美观，便于阅读，不仅要对表格的结构进行设计，而且要对表格样式及表格内数据的格式进行设计，从而达到美观的效果。

2.4.1 格式化表格数据

2.4.1.1 字体设置

Excel 2010 的字体设置方法与 Word 2010 的字体设置方法基本相同，包括字体、字号、字形、颜色、效果以及字符间距的设置，这些设置都可以通过"开始"选项卡"字体"选项组中的按钮完成，也可以通过"设置单元格格式"对话框或"字体"对话框完成。

1. 通过"字体"选项组中的按钮设置

参见 1.4.1 节"字符排版"。

2. 通过"字体"对话框设置

参见 1.4.1 节"字符排版"。

3. 通过"设置单元格格式"对话框设置

操作步骤如下：

（1）单击"开始"选项卡→"单元格"→"格式"按钮，在展开的下拉列表中选择"设置单元格格式"命令，如图 2-4-1 所示。

图 2-4-1 "设置单元格格式"命令

（2）在弹出的"设置单元格格式"对话框中，选择"字体"选项卡，设置字体格式，如图2-4-2所示。

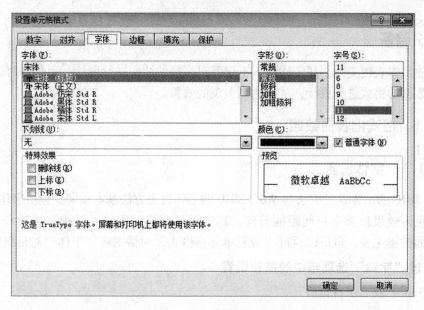

图2-4-2 "字体"选项卡

2.4.1.2 文本对齐方式设置

单元格中的文本不仅可以按水平和垂直两种方式设置对齐方式，还可以旋转不同的角度，使文本达到不同的倾斜效果。常用的对齐方式可以通过"开始"选项卡中"对齐方式"选项组中的各种按钮实现，如图2-4-3所示。

图2-4-3 "对齐方式"选项组按钮

1. 水平对齐

在 Excel 2010 中，水平对齐方式分为常规、靠左（缩进）、居中、靠右（缩进）、填充、两端对齐、跨列居中、分散对齐八种对齐方式，它的设置方式可以通过单击"开始"选项卡→"对齐方式"→设置单元格格式对话框启动器按钮，在弹出的"设置单元格格式"对话框中的"对齐"选项卡设置，也可以通过"对齐方向"选项组的"左对齐"按钮、"居中"按钮、"右对齐"按钮以及"减小缩进量"按钮和"增加缩进量"按钮设置。水平对齐设置方式和效果示例分别如图2-4-4和图2-4-5所示。

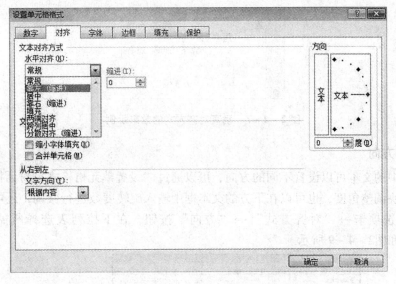

图 2-4-4 水平对齐设置方式

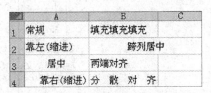

图 2-4-5 水平对齐方式的效果示例

2. 垂直对齐

垂直对齐方式分为靠上、居中、靠下、两端对齐、分散对齐五种，跟水平对齐方式一样，可以通过"设置单元格格式"对话框"对齐"选项卡设置，也可以通过"对齐方式"选项组中的"顶端对齐"按钮 、"垂直居中"按钮 、"底端对齐"按钮 设置，如图 2-4-6 和图 2-4-7 所示。

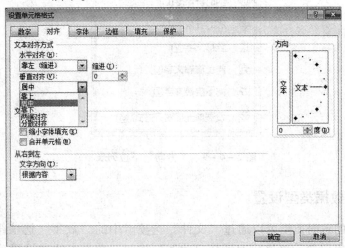

图 2-4-6 垂直对齐设置方式

图2-4-7 垂直对齐方式的效果示例

3. 文字方向

单元格中的文本可以设置不同的方向，可以通过"设置单元格格式"对话框，用鼠标拖动小红方块调整角度，也可以在下方的文本框中输入旋转度数进行微调，还可以通过单击"文件"选项卡→"对齐方式"→"方向"按钮，在下拉列表选择所需方向，如图2-4-8和图2-4-9所示。

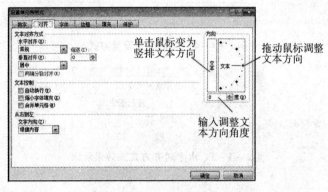

图2-4-8 设置文本方向

图2-4-9 "方向"下拉列表

2.4.1.3 数据类型设置

单元格常用的数据类型可以通过"文件"选项卡中的"数字"选项组按钮完成，也可以通过单击"设置单元格格式对话框启动器"按钮，在弹出的"设置单元格格式"对话框中的"数字"选项卡中完成，如图2-4-10和图2-4-11所示。

图 2-4-10 "文件"选项卡中"数字"选项组按钮

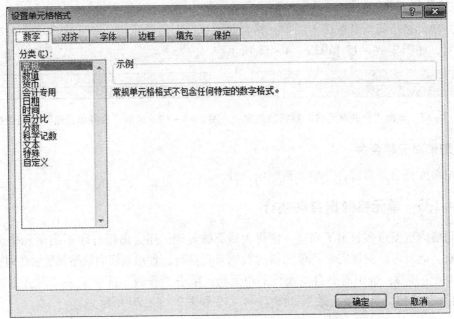

图 2-4-11 通过"设置单元格格式"对话框设置数字类型

2.4.1.4 合并单元格

在 Excel 2010 中还可以选择多个单元格合并成一个大的单元格，然后输入数据。例如，表格的标题部分常常采用合并并居中的方式，使标题处于表格的中间。

首先选中要合并的单元格，然后单击"开始"选项卡→"对齐方式"→"合并后居中"按钮，在下拉列表中选择所需的合并方式，如图 2-4-12 所示。

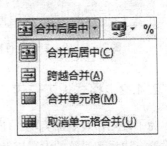

图 2-4-12 "合并后居中"下拉列表

1. 合并后居中

合并后居中指所有被选中的单元格合并成一个大的单元格，单元格内的文本对齐方式为居中对齐，如图 2-4-13 和图 2-4-14 所示。

图 2-4-13 单击"合并后居中"按钮前效果　　图 2-4-14 单击"合并后居中"按钮后效果

2. 跨越合并

跨越合并指将所选中的单元格以行为单位合并单元格。例如，对 A1:C2 区域的单元格进行跨越合并，效果如图 2-4-15 和图 2-4-16 所示。

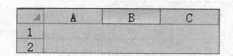

图2-4-15　单击"跨越合并"按钮前效果　　图2-4-16　单击"跨越合并"按钮后效果

3. 合并单元格

合并单元格指将所有被选中的单元格合并成一个大的单元格,单元格内文本对齐方式保持不变,如图2-4-17和图2-4-18所示。

 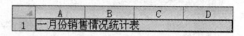

图2-4-17　单击"合并单元格"按钮前效果　　图2-4-18　单击"合并单元格"按钮后效果

4. 取消单元格合并

取消单元格合并指将合并单元格取消合并。

2.4.1.5　单元格数据自动换行

单元格内数据过多超出了列宽,使得表格不够美观,还会出现打印不出单元格全部内容的现象。此时可以根据需要将单元格的数据自动换行,使单元格内数据都显示在列宽范围内。具体操作步骤:选中需要自动换行的单元格,单击"开始"选项卡→"对齐方式"→"自动换行"按钮,自动换行效果如图2-4-19和图2-4-20所示。

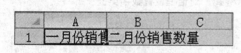 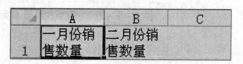

图2-4-19　自动换行前效果　　图2-4-20　自动换行后效果

2.4.2　格式化工作表

为了使工作表更加美观,便于阅读,需要对工作表进行格式化处理,包括行高、列宽的设置、边框和底纹的设置以及应用Excel 2010内置样式自动套用表格样式、设置单元格样式等。

2.4.2.1　行高设置

行高设置有以下几种方法:

1. 精确设置行高的值

选择要调整行高的区域,单击"开始"选项卡→"单元格"→"格式"按钮,在下拉列表中选择"行高"命令,如图2-4-21所示。

图 2-4-21 选择"行高"命令

在弹出的"行高"对话框中输入行高的值,单击"确定"按钮,如图 2-4-22 所示。

图 2-4-22 "行高"对话框

2. 根据行内容自动调整行高

选择要调整行高的区域,单击"开始"选项卡→"单元格"→"格式"按钮,在下拉列表中选择"自动调整行高"命令。

3. 用鼠标自定义行高

将鼠标指针放在要改变行高的行编号之间的横线上,如调整第 1 行行高,则将鼠标指针放在一、二行之间的横线上,鼠标指针变为带上下箭头的横线 ↕ 时,按住鼠标左键,上下拖动鼠标至合适的高度,释放鼠标。

2.4.2.2 列宽设置

1. 精确设置列宽的值

选择要调整列宽的区域,单击"开始"选项卡→"单元格"→"格式"按钮,在下拉列表中选择"列宽"命令,如图 2-4-23 所示。

图 2-4-23 选择"列宽"命令

在弹出的"列宽"对话框中输入列宽的值,单击"确定"按钮,如图 2-4-24 所示。

2. 根据行内容自动调整列宽

选择要调整列宽的区域,单击"开始"选项卡→"单元格"→"格式"按钮,在下拉列表中选择"自动

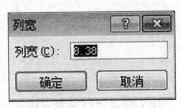

图 2-4-24 "列宽"对话框

调整列宽"命令。

3. 用鼠标自定义列宽

将鼠标指针放在要改变列宽的列标之间的竖线上，如调整第 A 列列宽，则将鼠标指针放在 A 列、B 列之间的竖线上，鼠标指针变为带上下箭头的竖线时，按住鼠标左键，左右拖动鼠标至合适的宽度，释放鼠标。

2.4.2.3 边框和底纹

为了使表格更加美观，可以给表格填加各种表格线或底纹。

1. 设置边框

（1）通过"边框"按钮 设置。

① 选择要设置边框的单元格区域。

② 单击"开始"选项卡中的"边框"按钮，在下拉列表中选择设置的边框位置、线型、线条颜色以及其他边框样式设置；也可选择"绘制边框"命令；或选择"自定义边框"命令，在弹出的"设置单元格格式"对话框中进行设置，如图 2-4-25 所示。

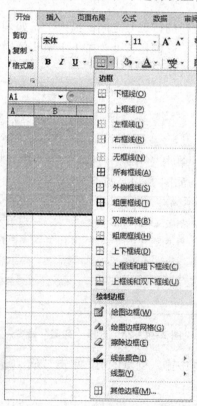

图 2-4-25 "开始"选项卡中的"边框"下拉列表

（2）通过"设置单元格格式"对话框设置。

① 选中要设置边框的单元格。

② 单击"开始"选项卡中的"格式"按钮，在下拉列表中选择"设置单元格格式"命令，如图2-4-26所示。

③ 在弹出的"设置单元格格式"对话框中的"边框"选项卡中设置线型、线条颜色及边框位置，如图2-4-27所示。

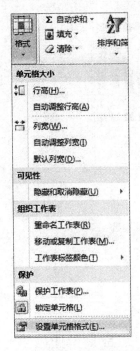

图2-4-26　"设置单元格格式"命令

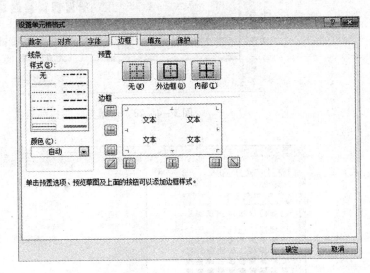

图2-4-27　"边框"选项卡

2. 设置底纹

（1）通过"填充颜色"按钮设置。

① 选择要设置边框的单元格区域。

② 单击"开始"选项卡中的"填充颜色"按钮，在下拉列表中选择设置的单元格背景颜色，如图2-4-28所示。

（2）通过"设置单元格格式"对话框设置。

① 选中要设置边框的单元格。

② 单击"开始"选项卡中的"格式"按钮，在下拉列表中选择"设置单元格格式"命令。

③ 在弹出的"设置单元格格式"对话框中的"填充"选项卡中设置背景色、填充效果、图案颜色及图案样式等，如图2-4-29所示。

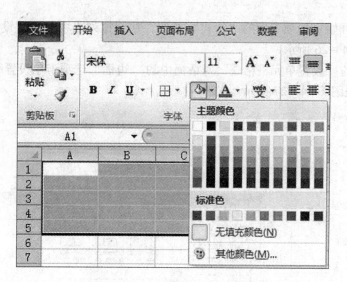

图 2-4-28 "填充"下拉列表

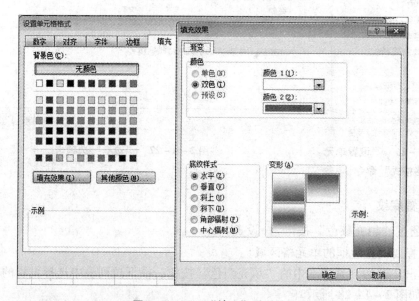

图 2-4-29 "填充"选项卡

2.4.2.4 自动套用表格格式

在 Excel 2010 有中很多预设的表格样式，可以根据需要套用这些表格，自动生成表格样式，也可以根据需要新建表格样式。

自动套用表格格式的方法：首先选择要套用表格格式的区域，然后单击"开始"选项卡中的"套用表格格式"按钮，在下拉列表中选择适当的表格格式即可，如图 2-4-30 所示。

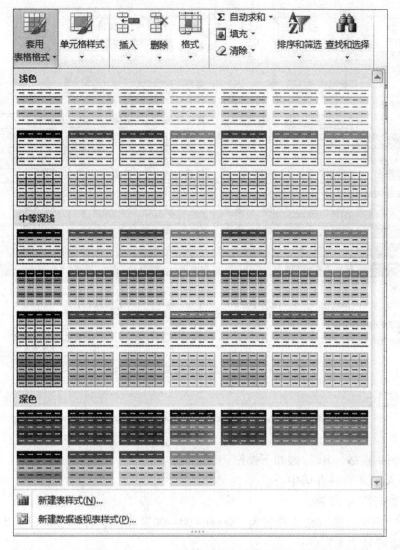

图 2-4-30 "套用表格格式"下拉列表

2.4.2.5 单元格样式

与自动套用表格格式相似,单元格样式也可以套用 Excel 2010 中的预设单元格样式快速设置,也可以新建单元格样式。设置方法:首先选择要套用单元格样式的区域,然后单击"开始"选项卡中的"单元格样式"按钮,在下拉列表中选择适当的单元格样式即可,如图 2-4-31 所示。

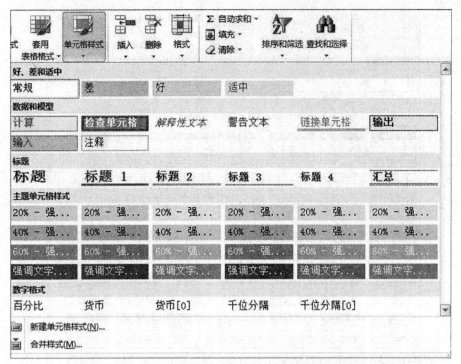

图 2-4-31 "单元格样式"下拉列表

任务设计

实例 9

对"实例 9 素材.xlsx"做如下操作：
（1）将 A1:D4 合并并居中。
（2）设置行高为 25 磅。
（3）将"出生日期"格式设置为"0000-00-00"格式，补助金额设置为两位小数，前面加人民币符号"￥"。
（4）设置整个表格单元格水平居中、垂直居中对齐。
（5）给表格设置边框，外框为红色双实线，内框为细实线。
（6）设置标题字号为 12 磅，加粗。

任务分析

本任务通过设置单元格合并并居中，调整行高列宽，设置单元格数值格式以及居中对齐等操作，达到熟练掌握格式化工作表的目的。

任务实现

操作步骤如下：
（1）选择单元格区域 A1:A4，单击"开始"选项卡中的"合并并居中"按钮，效果如图 2-4-32 所示。

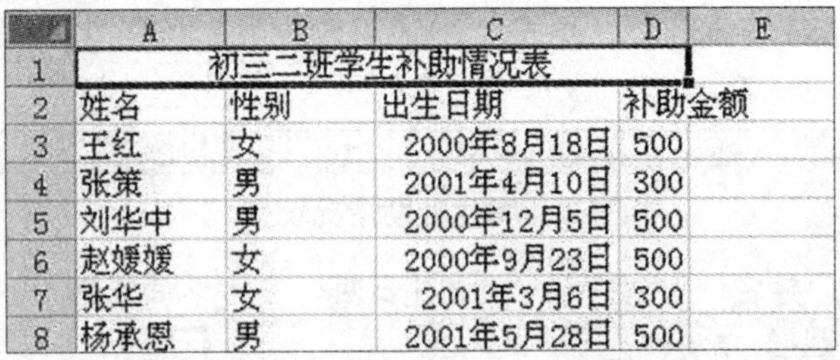

	A	B	C	D	E
1	初三二班学生补助情况表				
2	姓名	性别	出生日期	补助金额	
3	王红	女	2000年8月18日	500	
4	张策	男	2001年4月10日	300	
5	刘华中	男	2000年12月5日	500	
6	赵媛媛	女	2000年9月23日	500	
7	张华	女	2001年3月6日	300	
8	杨承恩	男	2001年5月28日	500	

图 2－4－32　合并并居中单元格效果

（2）选择 A1:D8，单击“开始”选项卡中的“格式”按钮，在下拉列表中选择“行高”命令，在“行高”对话框中设置行高为 25 磅，单击“确定”按钮，效果如图 2－4－33 所示。

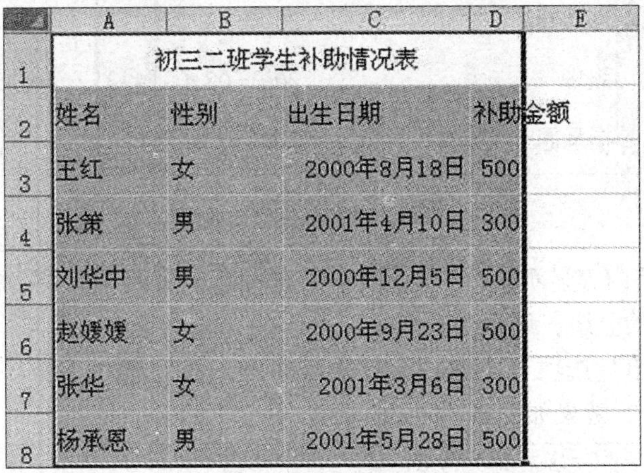

	A	B	C	D	E
1	初三二班学生补助情况表				
2	姓名	性别	出生日期	补助金额	
3	王红	女	2000年8月18日	500	
4	张策	男	2001年4月10日	300	
5	刘华中	男	2000年12月5日	500	
6	赵媛媛	女	2000年9月23日	500	
7	张华	女	2001年3月6日	300	
8	杨承恩	男	2001年5月28日	500	

图 2－4－33　设置行高

（3）选择单元格区域 C3:C8，单击“开始”选项卡“数字”选项组中的“设置单元格格式对话框启动器”按钮，在弹出的“设置单元格格式”对话框中进行图 2－4－34 所示的设置，单击“确定”按钮。

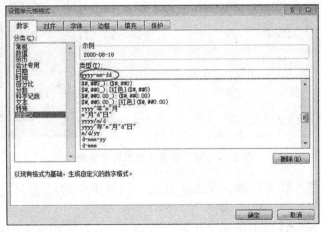

图 2－4－34　自定义日期型数据格式

(4) 选择单元格区域 D3:D8，单击“增加小数位数”按钮，增加小数位数两位，显示效果如图 2-4-35 所示。

	A	B	C	D	E
1	初三二班学生补助情况表				
2	姓名	性别	出生日期	补助金额	
3	王红	女	2000-08-18	###	
4	张策	男	2001-04-10	###	
5	刘华中	男	2000-12-05	###	
6	赵嫒嫒	女	2000-09-23	###	
7	张华	女	2001-03-06	###	
8	杨承恩	男	2001-05-28	###	

图 2-4-35　设置小数位数显示效果

说明：当单元格内容显示为#号时，表示列宽不够，需调整列宽，按住鼠标左键拖动列标号 D 与 E 之间的竖线，调至合适宽度。

(5) 单击“开始”选项卡中的“会计数字格式”按钮，在下拉列表中选择“￥中文（中国）”命令，效果如图 2-4-36 所示。

	A	B	C	D
1	初三二班学生补助情况表			
2	姓名	性别	出生日期	补助金额
3	王红	女	2000-08-18	￥ 500.00
4	张策	男	2001-04-10	￥ 300.00
5	刘华中	男	2000-12-05	￥ 500.00
6	赵嫒嫒	女	2000-09-23	￥ 500.00
7	张华	女	2001-03-06	￥ 300.00
8	杨承恩	男	2001-05-28	￥ 500.00

图 2-4-36　设置人民币符号效果

(6) 选择单元格区域 A2:D8，单击“开始”选项卡中的“居中”按钮和“垂直居中”按钮，效果如图 2-4-37 所示。

(7) 单击“开始”选项卡中的“边框”按钮，在下拉列表中选择“其他边框”命令，在对话框中进行设置，线条选中双实线，颜色设置为红色，单击“外边框”按钮，线条选中细实线，单击“内部”按钮，单击“确定”按钮，如图 2 -4 -38 所示。

	A	B	C	D
1	初三二班学生补助情况表			
2	姓名	性别	出生日期	补助金额
3	王红	女	2000-08-18	￥ 500.00
4	张策	男	2001-04-10	￥ 300.00
5	刘华中	男	2000-12-05	￥ 500.00
6	赵媛媛	女	2000-09-23	￥ 500.00
7	张华	女	2001-03-06	￥ 300.00
8	杨承恩	男	2001-05-28	￥ 500.00

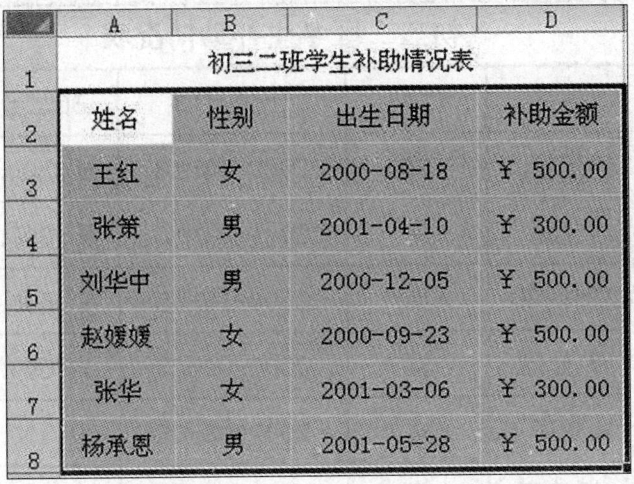

图 2 -4 -37　设置对齐方式效果

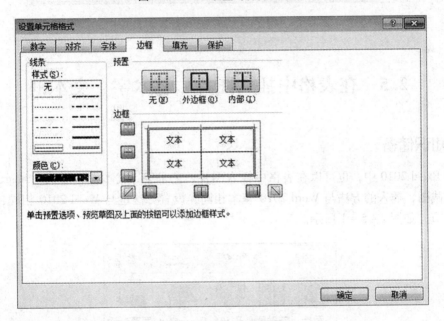

图 2 -4 -38　边框设置

(8) 选中标题，设置字号为 12 磅，单击“加粗”按钮**B**。

最终效果如图 2 -4 -39 所示。

	A	B	C	D
1	初三二班学生补助情况表			
2	姓名	性别	出生日期	补助金额
3	王红	女	2000-08-18	￥ 500.00
4	张策	男	2001-04-10	￥ 300.00
5	刘华中	男	2000-12-05	￥ 500.00
6	赵媛媛	女	2000-09-23	￥ 500.00
7	张华	女	2001-03-06	￥ 300.00
8	杨承恩	男	2001-05-28	￥ 500.00

图 2-4-39　最终效果

2.5　在表格中插入图片、艺术字、文本框

知识储备

在 Excel 2010 中，也可以在表格中插入图片、艺术字、文本框、形状、SmartArt 图形和屏幕截图，插入的方法与 Word 2010 基本相同，设置方法也与 Word 2010 相同，具体参阅 1.5 节，如图 2-5-1 所示。

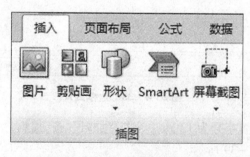

图 2-5-1　“插图”选项组

任务设计

实例 10

根据 Excel 2010 自带的考勤卡模板，创建本单位考勤卡，最终效果如图 2-5-2 所示。

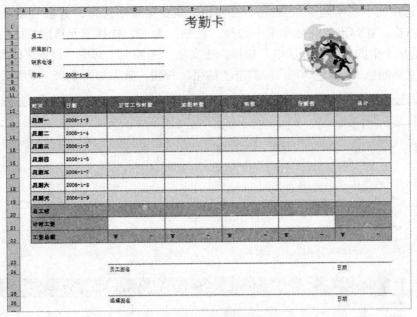

图 2-5-2　最终效果

任务分析

本任务是在考勤卡模板的基础上修改工作表，并插入剪贴画，完成本单位的个性化考勤卡，要求熟练掌握插入剪贴画及修改工作表的基本操作步骤。

任务实现

操作步骤如下：

（1）选择"文件"选项卡中的"新建"命令，选择"样本模板"中的"考勤卡"，创建工作簿，效果如图 2-5-3 所示。

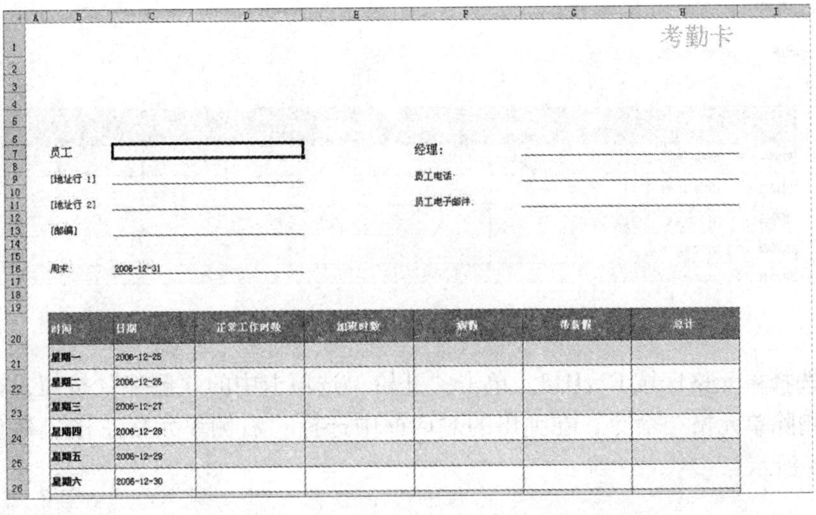

图 2-5-3　根据考勤卡模板创建工作簿效果

(2) 选中文字"考勤卡",右击,在弹出的快捷菜单中选择"剪切"命令;选中 A1 单元格,右击,在弹出的快捷菜单中选择"粘贴"命令;选择单元格区域 A1:H1,单击"开始"选项卡中的"合并并居中"按钮,使文字"考勤卡"居中,设置字体颜色为"青色,强调文字颜色 1,深色 50%",单击"加粗"按钮,效果如图 2-5-4 所示。

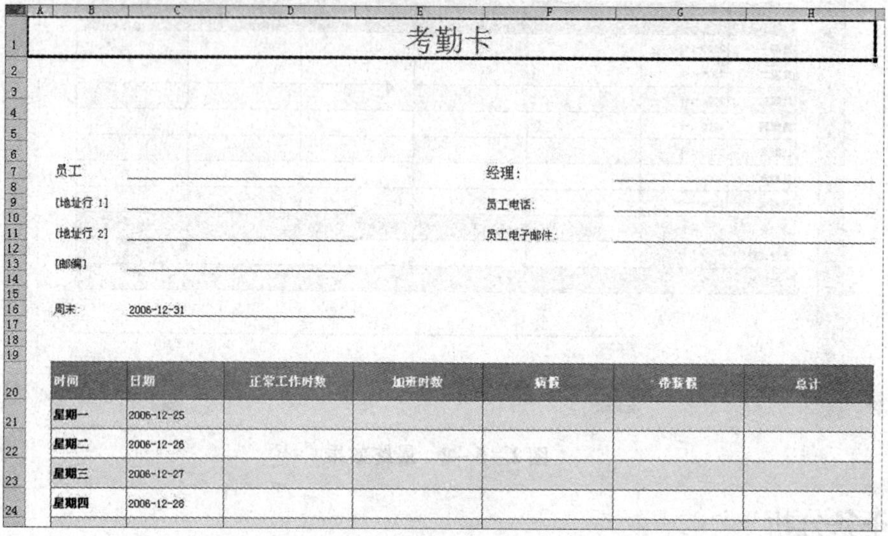

图 2-5-4 设置标题效果

(3) 选中第 2~6 行,单击"开始"选项卡中的"删除"按钮,在下拉列表中选择"删除工作表行"命令,效果如图 2-5-5 所示。

图 2-5-5 删除第 2~6 行后效果

(4) 选择单元格区域 F2:H13,单击"开始"选项卡中的"删除"按钮,在下拉列表中选择"删除单元格"命令,在弹出的对话框中选择"右侧单元格左移"命令,效果如图 2-5-6 所示。

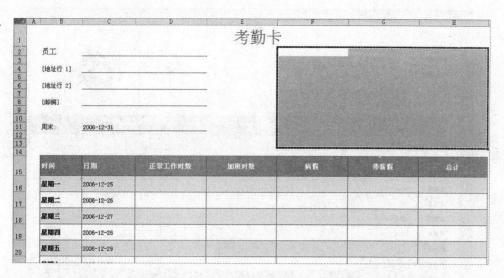

图 2-5-6 删除单元格区域 F2：H13 效果

（5）删除第 8~10 行，将"［地址行1］"改为"所属部门"，将"［地址行2］"改为"联系电话"，将"周末"设置为"2016-1-9"，效果如图 2-5-7 所示。

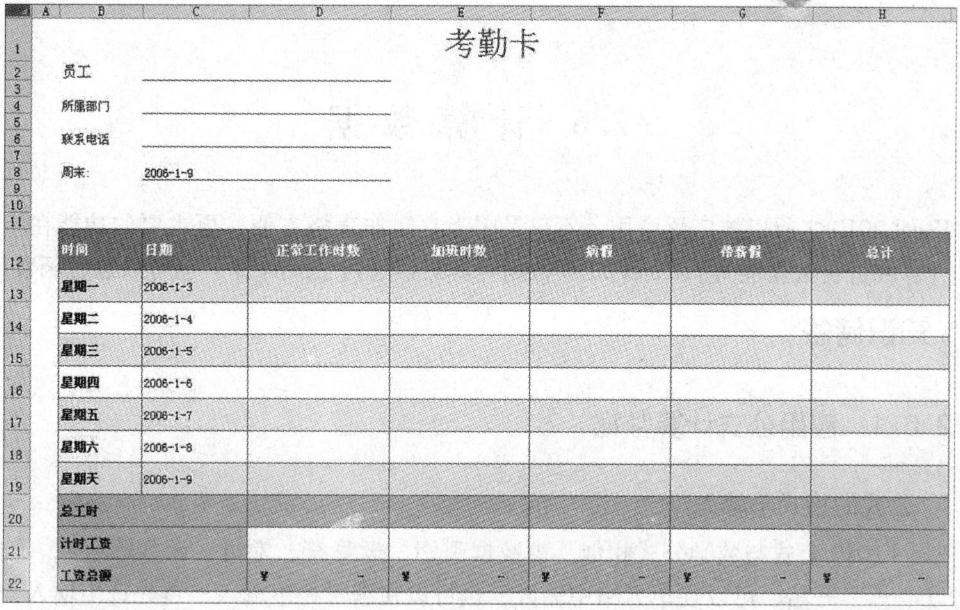

图 2-5-7 修改考勤卡内容效果

（6）选择单元格区域 C6：D6，单击"数字格式"按钮，在下拉列表中选择"文本"命令，将"联系电话"设置为文本格式。

（7）单击"插入"选项卡中的"剪贴画"按钮，在"剪贴画"窗格中单击要插入的剪贴画，将剪贴画插入工作表中，单击工作表中的剪贴画，选中图片，按住鼠标左键拖动调整图片位置，在控点处按住鼠标左键调整图片大小，效果如图 2-5-8 所示。

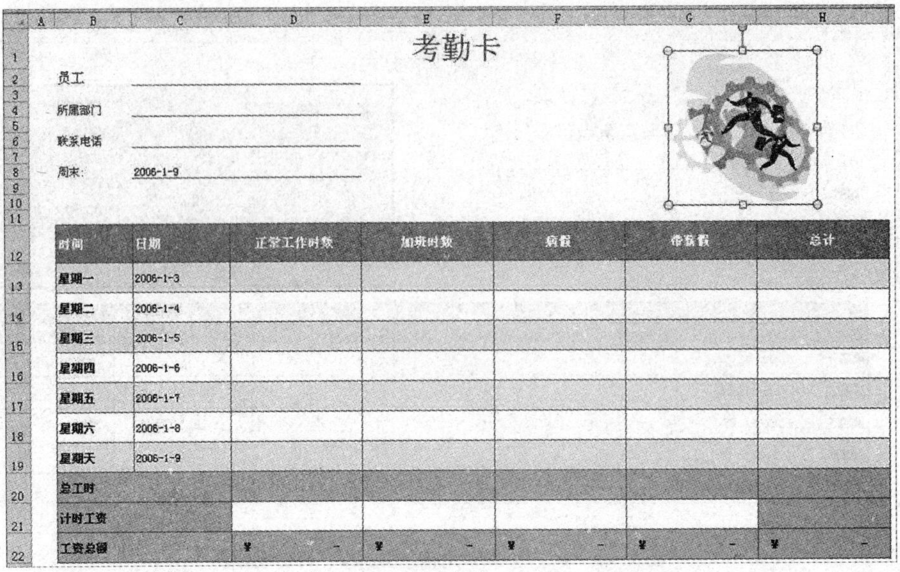

图 2-5-8 插入剪贴画并调整位置及大小效果

（8）删除第 23~26 行，选择单元格区域 B4:B8，设置字号为 11，达到最终效果，如图 2-5-2 所示。

2.6 计算数据

Excel 2010 之所以被广泛应用，不仅是因为它制作表格方便，更主要的功能在于其强大的计算和分析数据能力。Excel 2010 数据计算可以通过公式计算，也可以通过函数计算。

知识储备

2.6.1 应用公式计算数据

1. 公式的格式与输入

Excel 2010 公式与数学公式相似，由数据引用、运算符、常量、函数等组成。输入公式时以"="开始，可以在单元格中输入，也可以在编辑栏中输入。首先选中输入公式的单元格，然后输入"="，再输入公式。常用运算符见表 2-6-1。

表 2-6-1 常用运算符表

运算符	符号
算术运算符	+、-、*、/、%、^
比较运算符	=、>、<、>=、<=、<>
文本运算符	&

例：以图 2-6-1 数据为例，输入 C1 = A1 * B1，D1 = SUM（A1:C1），C2 = A2&B2。

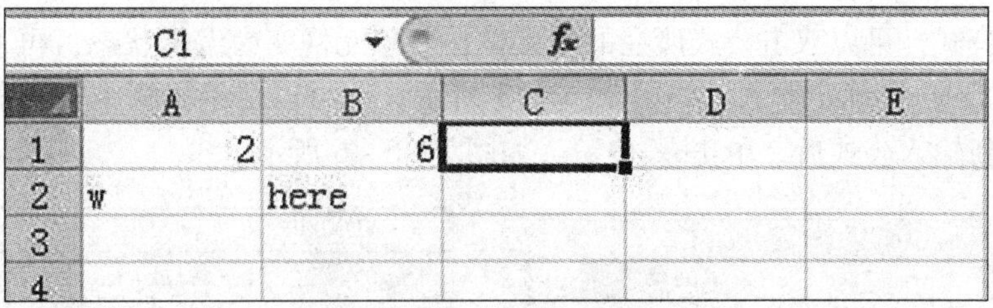

图 2-6-1　公式输入 .xlsx 表数据

（1）输入 C1 = A1 * B1，表示 C1 等于 A1 乘以 B1，即 C1 = 2 * 6。
① 选中 C1 单元格。
② 输入 " = A1 * B1"，如图 2-6-2 所示。

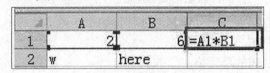

图 2-6-2　在单元格输入公式

③ 按 Enter 键，得到结果。
（2）输入 D1 = SUM（A1:C1），表示 D1 等于 A1、B1、C1 三个单元格的数据和。
① 选中 D1 单元格。
② 输入 " = SUM（A1:C1）"。
③ 按 Enter 键，得到结果。
（3）输入 C2 = A2&B2，表示 A2 和 B2 两个单元格的数据连接起来
① 选中 C2 单元格。
② 在编辑栏输入 " = A2&B2"，如图 2-6-3 所示。

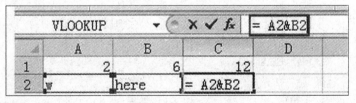

图 2-6-3　编辑栏输入公式

③ 单击 ✓ 按钮，得到结果。
最终计算结果如图 2-6-4 的示。

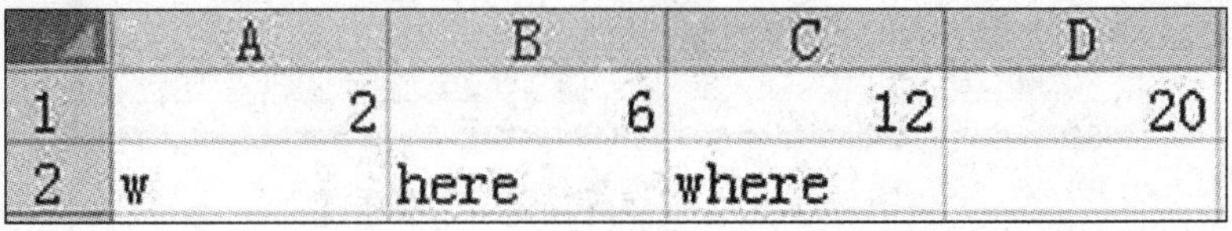

图 2-6-4　最终计算结果

2. 公式的修改

要修改公式，可以双击公式所在的单元格，使单元格变为编辑状态，再重新输入正确的公式，按 Enter 键确定输入，如图 2-6-5 所示；也可以在编辑栏中直接删除需要修改的数据，重新输入公式后，单击 ✓ 按钮，如图 2-6-6 所示。

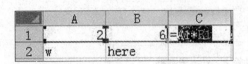 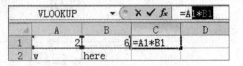

图 2-6-5　在单元格修改公式　　　　图 2-6-6　在编辑栏修改公式

3. 公式的复制

（1）用填充柄填充。连续的单元格复制公式时，可以在需复制的单元格填充柄上按住鼠标左键，当鼠标指针变为 时，拖动鼠标到目标单元格，释放鼠标左键。

（2）用选择性粘贴功能。

① 选中需要复制公式的单元格。

② 单击"复制"按钮或者按 Ctrl+C 组合键。

③ 选择目标单元格。

④ 单击"选择性粘贴"按钮，弹出"选择性粘贴"对话框，如图 2-6-7 所示，点选"公式"单选按钮，单击"确定"按钮；也可在"粘贴"下拉列表中单击"公式"按钮 f_x。

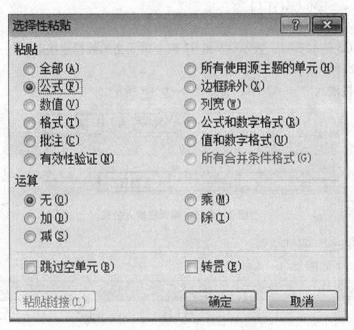

图 2-6-7　"选择性粘贴"对话框

2.6.2 应用函数计算数据

Excel 2010 提供了财务函数、逻辑函数、文本函数、日期和时间函数、查找与引用函数、数学和三角函数以及其他如统计、工程类等函数。为了更好地使用户了解和使用每个函数，Excel 2010 提供了每个函数的使用帮助，在应用函数时可以用 F1 键调出，如图 2-6-8 所示。

图 2-6-8 Excel 2010 提供的函数

1. 函数的结构

函数由函数名、左括号、参数、右括号组成，各参数之间以逗号隔开，括号必须成对出现，且整个表达式不能有空格。参数可以是数值、文本、逻辑值、数组或函数等。

表达式：

函数名（参数1，参数2，……）

2. 函数的输入

函数的输入有多种方法：

（1）直接输入。操作方法同公式输入。

（2）使用函数分类按钮方法输入。

① 选中要插入函数的单元格。

② 单击"公式"选项卡中函数库的所需函数分类按钮，在下拉列表中选择所需函数。

③ 在弹出的"函数参数"对话框中设置参数。

④ 单击"确定"按钮。

例：在 A1 单元格计算 B1 的余弦值。

① 选中 A1 单元格。

② 单击"公式"选项卡中的"数学和三角函数"按钮，在弹出的下拉列表中选择"COS"命令，如图 2-6-9 所示。

③ 求 B1 单元格数值的余弦函数。单击 B1 单元格，使弹出的"函数参数"对话框中参数设为 B1（参数为某一区域时，可以单击将插入点放在该参数的输入框内，直接拖动鼠标选择该区域，即完成参数设置），如图 2-6-10 所示。

④ 单击"确定"按钮，计算结果如图 2-6-11 所示。

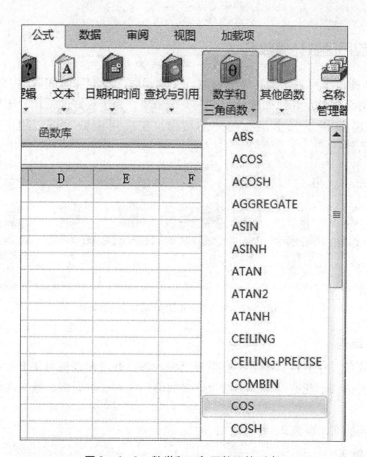

图2-6-9 数学和三角函数下拉列表

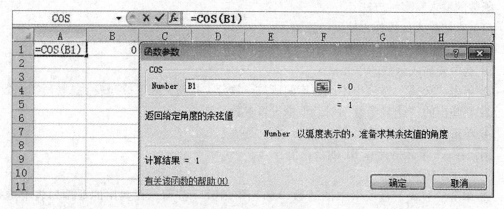

图2-6-10 设置参数

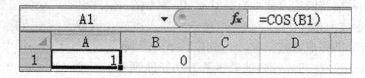

图2-6-11 计算结果

(3) 使用插入函数输入公式。
① 选中需要插入函数的单元格。
② 单击"公式"选项卡中的"插入函数"按钮,如图 2-6-12 所示。

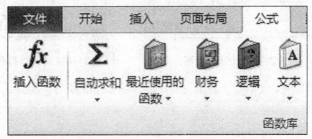

图 2-6-12 "插入函数"按钮

③ 在弹出的"插入函数"对话框中选择需要插入的函数类别,然后选择函数名,如图 2-6-13 所示。

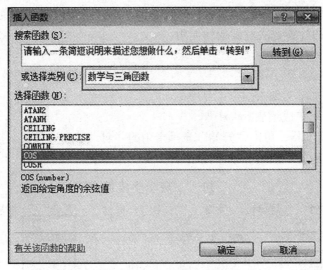

图 2-6-13 选择函数名

④ 在弹出的"函数参数"对话框中设置参数,单击"确定"按钮。

3. 自动计算

Excel 2010 提供了常用的函数自动计算功能,如求和函数 SUM( )、求平均值函数 AVERAGE( )、计数函数 COUNT( )、最大值函数 MAX( )、最小值函数 MIN( )等,应用这些函数时只需单击"开始"选项卡→"编辑"→"自动求和"按钮∑,在其下拉列表中选择所需函数即可,如图 2-6-14 所示。当以行计算时,这些函数默认的计算范围为存放结果单元格左边的所有单元格数据,如图 2-6-15 所示;如按列计算,则为存放结果单元格上面的所有单元格数据,如图2-6-16 所示。

图 2-6-14 "自动求和"下拉列表

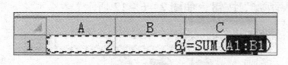
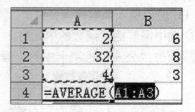

图 2-6-15　以行自动计算范围　　　　图 2-6-16　以列自动计算范围

■ 任务设计

实例 11

计算"成绩表.xlsxl"中的总分、平均分、最高分、最低分、缺考人数和补考情况。

■ 任务分析

本任务中涉及求和、平均数、最大值、最小值、统计及条件函数的使用方法，通过本任务熟练掌握数据的计算方法及函数的使用。

■ 任务实现

操作步骤如下：

(1) 打开工作簿"成绩表.xlsxl"。

(2) 选中 G3 单元格，单击"开始"选项卡中的"自动求和"按钮，按 Enter 键。

(3) 按住填充柄向下拖动，效果如图 2-6-17 所示。

	学号	姓名	计算机	英语	数学	政治	总分	平均分	补考否
1				初一二班学生成绩表					
2									
3	101001	李东华	98	90	97	93	378		
4	101002	王义举	65	73	70		208		
5	101003	赵千千	84	96	87	98	365		
6	101004	刘华安			89	76	76	241	
7	101005	王小杰	88	70		76	65	299	
8	101006	李皓	95		78		88	261	
9	101007	秋云	90	61		94	245		
10	101008	刘铁	64	32	72	29	197		
11	最高分								
12	最低分								
13	参考人数								
14	缺考人数								

图 2-6-17　求总分效果

(4) 选中 H3 单元格，单击"自动求和"右侧的下三角按钮，在下拉列表中选择"平均值"命令，将公式中的"G3"改为"F3"，效果如图 2-6-18 所示。

(5) 按 Enter 键，确定输入，按住填充柄向下拖动，求所有人的平均值。

(6) 选择单元格区域 H3:H10，单击"开始"选项卡中的"增加小数位数"或"减少小数位数"按钮，将小数位数设置为两位，效果如图 2-6-19 所示。

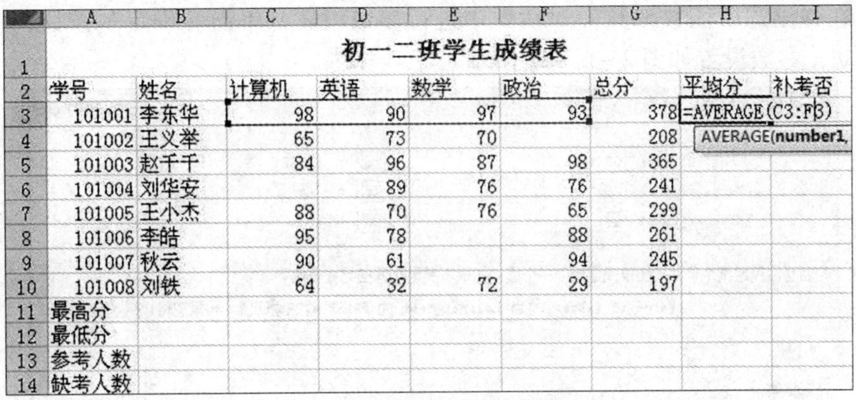

图 2-6-18 求平均值效果

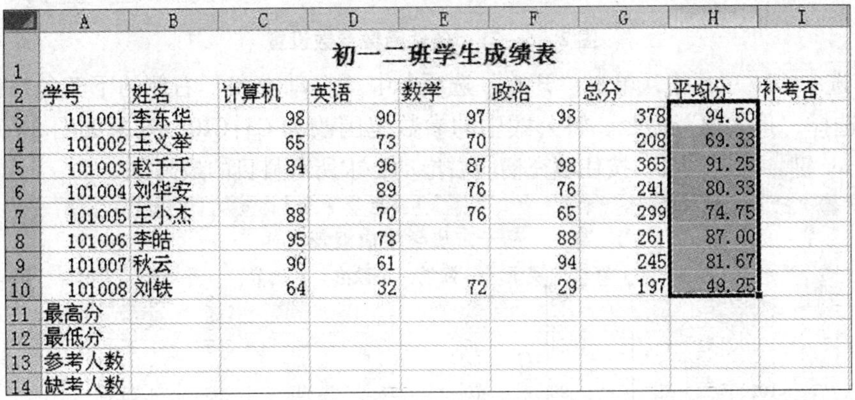

图 2-6-19 设置小数位数效果

（7）选中 I3 单元格，单击编辑栏的"公式"按钮，插入 IF 函数，单击"确定"按钮，如图 2-6-20 所示。

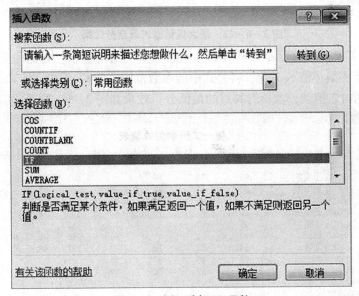

图 2-6-20 选择 IF 函数

（8）在弹出的“函数参数”对话框中进行参数设置，单击“确定”按钮，按住填充柄向下拖动，参数设置如图 2－6－21 所示。

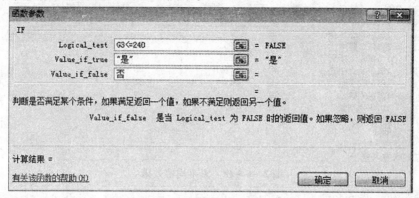

图 2－6－21　条件函数参数设置

（9）选中 C11 单元格，单击“开始”选项卡中“自动求和”右侧的下三角按钮，在下拉列表中选择“最大值”命令，将公式中的参数范围改为 C3:C10，效果如图 2－6－22 所示，按 Enter 键，确定输入，按住填充柄向右拖动，求所有科目的最高分。

	A	B	C	D	E	F	G	H	I
1	初一二班学生成绩表								
2	学号	姓名	计算机	英语	数学	政治	总分	平均分	补考否
3	101001	李东华	98	90	97	93	378	94.50	否
4	101002	王义举	65	73	70		208	69.33	是
5	101003	赵千千	84	96	87	98	365	91.25	否
6	101004	刘华安		89	76	76	241	80.33	否
7	101005	王小杰	88	70	76	65	299	74.75	否
8	101006	李皓	95	78		88	261	87.00	否
9	101007	秋云	90	61		94	245	81.67	否
10	101008	刘铁	64	32	72	29	197	49.25	是
11	最高分		=MAX(C3:C10)						
12	最低分								
13	参考人数								
14	缺考人数								

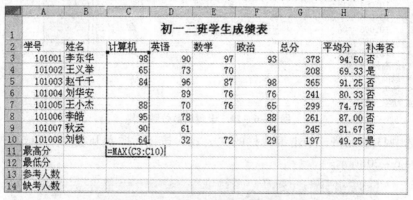

图 2－6－22　最大值函数求最高分效果

（10）选中 C12 单元格，单击“开始”选项卡中“自动求和”右侧的下三角按钮，在下拉列表中选择“最小值”命令，将公式中的参数范围改为 C3:C10，按 Enter 键，确定输入，按住填充柄向右拖动，求所有科目的最低分，效果如图 2－6－23 所示。

	A	B	C	D	E	F	G	H	I
1	初一二班学生成绩表								
2	学号	姓名	计算机	英语	数学	政治	总分	平均分	补考否
3	101001	李东华	98	90	97	93	378	94.50	否
4	101002	王义举	65	73	70		208	69.33	是
5	101003	赵千千	84	96	87	98	365	91.25	否
6	101004	刘华安		89	76	76	241	80.33	否
7	101005	王小杰	88	70	76	65	299	74.75	否
8	101006	李皓	95	78		88	261	87.00	否
9	101007	秋云	90	61		94	245	81.67	否
10	101008	刘铁	64	32	72	29	197	49.25	是
11	最高分		98	96	97	98			
12	最低分		64	32	70	29			
13	参考人数								
14	缺考人数								

图 2－6－23　利用最小值函数求最低分效果

(11) 选中 C13 单元格，单击编辑栏的"公式"按钮，插入 COUNTA 函数，单击"确定"按钮，如图 2-6-24 所示。

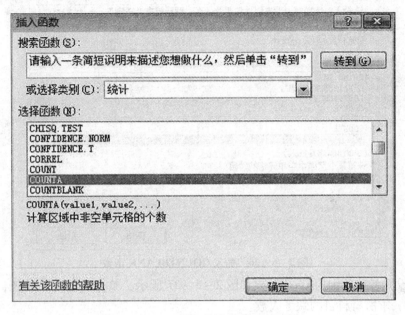

图 2-6-24　插入统计函数 COUNTA

(12) 设置参数范围为 B3:B10，如图 2-6-25 所示，单击"确定"按钮，右击，在弹出的快捷菜单中选择"复制"命令，选中 D13 单元格，右击，在弹出的快捷菜单中选择"选择性粘贴"→"数值"命令，参数设置如图 2-6-25 所示。

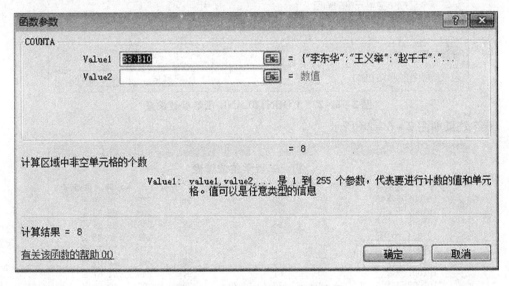

图 2-6-25　COUNTA 参数设置

(13) 选中 C14 单元格，单击编辑栏的"公式"按钮，插入 COUNTBLANK 函数，单击"确定"按钮，如图 2-6-26 所示。

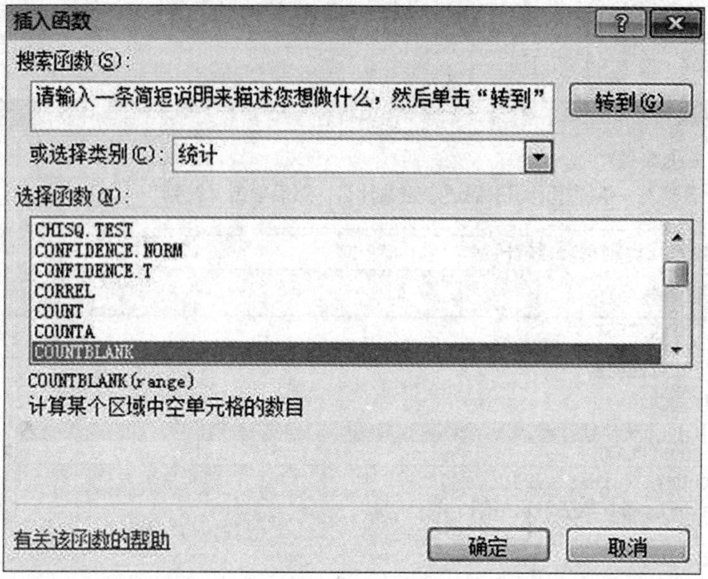

图 2－6－26　插入 COUNTBLANK 函数

(14) 设置参数范围为 C3:C10，如图 2－6－27 所示，单击“确定”按钮，按住填充柄向右拖动，求所有科目的缺考人数。

图 2－6－27　COUNTBLANK 函数参数设置

最终效果如图 2－6－28 所示。

	A	B	C	D	E	F	G	H	I
1	初一二班学生成绩表								
2	学号	姓名	计算机	英语	数学	政治	总分	平均分	补考否
3	101001	李东华	98	90	97	93	378	94.50	否
4	101002	王义举	65	73	70		208	69.33	是
5	101003	赵千千	84	96	87	98	365	91.25	否
6	101004	刘华安		89	76	76	241	80.33	否
7	101005	王小杰	88	70	76	65	299	74.75	否
8	101006	李皓	95	78		88	261	87.00	否
9	101007	秋云	90	61		94	245	81.67	否
10	101008	刘铁	64	32	72	29	197	49.25	是
11	最高分		98	96	97	98			
12	最低分		64	32	70	29			
13	参考人数		8	8	8	8			
14	缺考人数		1	0	2	1			

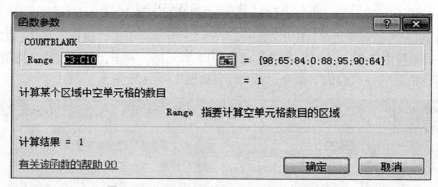

图 2－6－28　最终效果

2.7 处理数据

知识储备

2.7.1 数据的排序

Excel 2010 能够对单元格数据按指定的顺序排序,分为升序和降序两种。升序指数值从小到大或者文本按字母先后、笔画由少到多排序。降序排序与升序排序顺序正好相反。

1. 通过"升序"或"降序"按钮简单排序

操作步骤如下:

(1) 选定需要排序的任一单元格。

(2) 单击"数据"选项卡→"数据和筛选"→"升序"按钮或"降序"按钮。

例:以"成绩表1.xls"为例按英语成绩降序排序。

① 选中"英语"列中的任意单元格,如图2-7-1所示。

	学生成绩表				
	学号	姓名	计算机	英语	数学	政治
	1001	李小东	98	90	97	93
	1002	王福	43	42	70	60
	1003	张大红	84	82	87	98
	1004	刘新安	26	89	76	28
	1005	黄强	88	70	76	65
	1006	王默默	95	78	86	32
	1007	张飞	56	61	68	94
	1008	刘军	64	32	72	29

图2-7-1 选定"英语"列中的任意单元格

② 单击"数据"选项卡→"数据和筛选"→"降序"按钮。

③ 最终结果如图2-7-2所示。

	A	B	C	D	E	F
1			学生成绩表			
2	学号	姓名	计算机	英语	数学	政治
3	1001	李小东	98	90	97	93
4	1004	刘新安	26	89	76	28
5	1003	张大红	84	82	87	98
6	1006	王默默	95	78	86	32
7	1005	黄强	88	70	76	65
8	1007	张飞	56	61	68	94
9	1002	王福	43	42	70	60
10	1008	刘军	64	32	72	29

图2-7-2 按英语成绩降序排序最终结果

2. 自定义排序

除了简单排序外，还可以在"排序"对话框中自定义排序方式，设定几个排序条件进行排序，如图2-7-3所示。

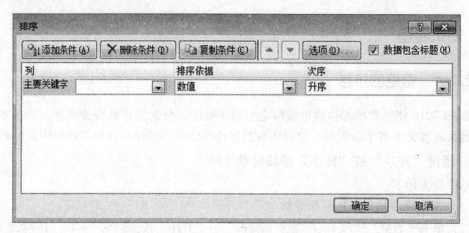

图2-7-3 "排序"对话框

操作步骤如下：
(1) 选中要排序的区域的任一单元格。
(2) 单击"数据"选项卡→"数据和筛选"→"排序"按钮。
(3) 在弹出的"排序"对话框中设置排序条件。
(4) 单击"确定"按钮。

例：以"成绩表2.xls"为例按学号升序排序，当学号相同时，按姓名字母升序排序。
(1) 选中要排序的区域的任意单元格，如图2-7-4所示。

	A	B	C	D	E	F
1			学生成绩表			
2	学号	姓名	计算机	英语	数学	政治
3	1002	王福	43	42	70	60
4	1004	刘新安	26	89	76	28
5	1003	张大红	84	82	87	98
6	1001	李小东	98	90	97	93
7	1005	黄强	88	70	76	65
8	1003	张飞	56	61	68	94
9	1006	王默默	95	78	86	32
10	1008	刘军	64	32	72	29

图2-7-4 选中要排序的区域的任意单元格

(2) 单击"数据"选项卡→"数据和筛选"→"排序"按钮。
(3) 在"排序"对话框中设置排序条件。

① 设置"数据包含标题行"(数据包含标题则标题行不参加排序,否则标题行参加排序)。

② 在"主要关键字"下拉列表中选择"学号",排序依据为"数值",次序为"升序",如图2-7-5和图2-7-6所示。

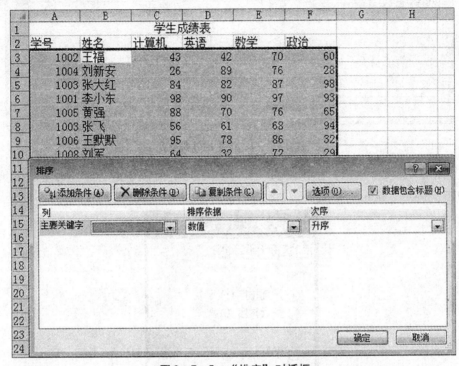

图2-7-5 "排序"对话框

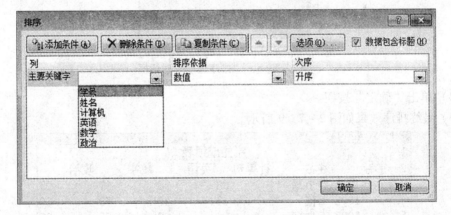

图2-7-6 设置按学号排序

③ 单击"添加条件"按钮,在"次要关键字"下拉列表中选择"姓名",排序依据为"数值",次序为"升序",如图2-7-7所示。

图2-7-7 设置按姓名排序

④ 单击"选项"按钮，在弹出的"排序选项"对话框中点选"字母排序"单选按钮，单击"确定"按钮，如图2-7-8所示。

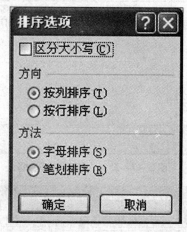

图2-7-8 "排序选项"对话框

（4）单击"确定"按钮。
（5）最终排序效果如图2-7-9所示。

	A	B	C	D	E	F
1			学生成绩表			
2	学号	姓名	计算机	英语	数学	政治
3	1001	李小东	98	90	97	93
4	1002	王福	43	42	70	60
5	1003	张大红	84	82	87	98
6	1003	张飞	56	61	68	94
7	1004	刘新安	26	89	76	28
8	1005	黄强	88	70	76	65
9	1006	王默默	95	78	86	32
10	1008	刘军	64	32	72	29

图2-7-9 最终排序效果

2.7.2 数据的筛选

数据筛选是指按照指定的条件将符合条件的单元格或单元格区域显示出来，分为自动筛选和高级筛选两种形式。

1. 自动筛选

自动筛选是指根据 Excel 2010 提供的固定格式确定筛选条件，筛选出符合条件的单元格。

操作步骤如下：

（1）选中工作表中的任一单元格。

（2）单击"数据"选项卡→"排序和筛选"→"筛选"按钮，如图 2-7-10 所示。

（3）在每个字段名右侧出现一个下三角按钮，单击它将弹出筛选条件列表，如图 2-7-11 所示。

图 2-7-10 "筛选"按钮

图 2-7-11 筛选条件列表

（4）确定筛选条件。

① 单击"数字筛选"或"文本筛选"级联菜单，选择筛选条件，如等于、不等于、大于等，在弹出的"自定义自动筛选方式"对话框中输入数值，如"等于""61"，单击"确定"按钮，如图 2-7-12 和图 2-7-13 所示。

图 2-7-12 "条件选择"下拉列表

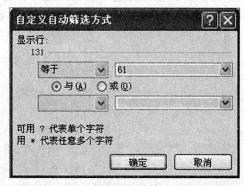

图 2-7-13 自定义自动筛选方式对话框

② 在搜索栏直接输入筛选的数值,单击"确定"按钮,如图 2-7-14 所示。

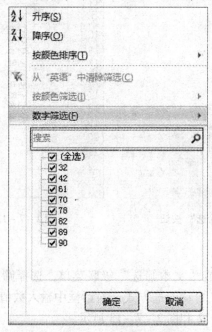

图 2-7-14 在搜索栏输入数值

③在下拉列表中选择需要筛选的数据,单击"确定"按钮,如图2-7-15所示。

自动筛选可完成单列数据的筛选,也可完成多列数据的筛选。

例:筛选"成绩表1.xls"中数学成绩大于70的学生名单。

操作步骤如下:

(1)选中"成绩表1"中的任一单元格。

(2)单击"数据"选项卡→"排序和筛选"→"筛选"按钮。

(3)单击数学字段后的下三角按钮,展开筛选条件列表。

(4)选择"数字筛选"命令级联菜单的"大于"命令,在弹出的"自定义自动筛选方式"对话框中输入"大于""70",单击"确定"按钮,如图2-7-16所示。

图2-7-15 选择需要筛选的数据

图2-7-16 输入条件"大于""70"

(5)最终筛选结果如图2-7-17所示。

	A	B	C	D	E	F
1			学生成绩表			
2	学号	姓名	计算机	英语	数学	政治
3	1001	李小东	98	90	97	93
5	1003	张大红	84	82	87	98
6	1004	刘新安	26	89	76	28
7	1005	黄强	88	70	76	65
8	1006	王默默	95	78	86	32
10	1008	刘军	64	32	72	29

图2-7-17 最终筛选结果

2. 高级筛选

自动筛选只能进行简单的筛选,一些条件复杂的筛选则要通过高级筛选完成。

高级筛选步骤如下:

（1）输入筛选所需的条件，输入条件时字段名在上，条件式在字段名下方的单元格，字段名和条件式所在的区域称为条件区域，如图2-7-18所示。

	A	B	C	D	E	F
1			学生成绩表			
2	学号	姓名	计算机	英语	数学	政治
3	1001	李小东	98	90	97	93
4	1002	王福	43	42	70	60
5	1003	张大红	84	82	87	98
6	1004	刘新安	26	89	76	28
7	1005	黄强	88	70	76	65
8	1006	王默默	95	78	86	32
9	1007	张飞	56	61	68	94
10	1008	刘军	64	32	72	29
11						
12						
13		数学			数学	数学
14		>80			>70	<80
15		数学				
16		<70				

数学成绩大于80或者小于70的条件区域的表示方法

数学成绩大于70并且小于80的条件区域的表示方法

图2-7-18 输入筛选条件

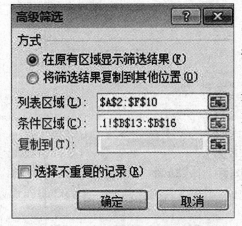

图2-7-19 "高级筛选"对话框

（2）单击工作表中任意一个单元格，单击"数据"选项卡→"排序和筛选"→"高级"按钮。

（3）在弹出的"高级筛选"对话框中确定筛选数据显示的方式、数据列表区域和条件区域，如图2-7-19所示。

（4）单击"确定"按钮，得到筛选结果。

例：筛选出"成绩表1.xls"中数学大于70并且数学小于80的学生成绩名单。

操作步骤如下：

（1）在"成绩表1.xls"中输入筛选条件，如图2-7-20所示。

（2）单击工作表中任意一个单元格，单击"数据"选项卡→"排序和筛选"→"高级"按钮。

（3）在弹出的"高级筛选"对话框中点选"在原有区域显示筛选结果"单选按钮，在"列表区域"文本框中，单击确定插入点，按住鼠标左键，选择单元格区域A2:F10，再将插入点设置在"条件区域"文本框中，选择单元格区域E13:F14，如图2-7-21所示。

图 2-7-20　输入筛选条件　　　　　　　图 2-7-21　"高级筛选"对话框

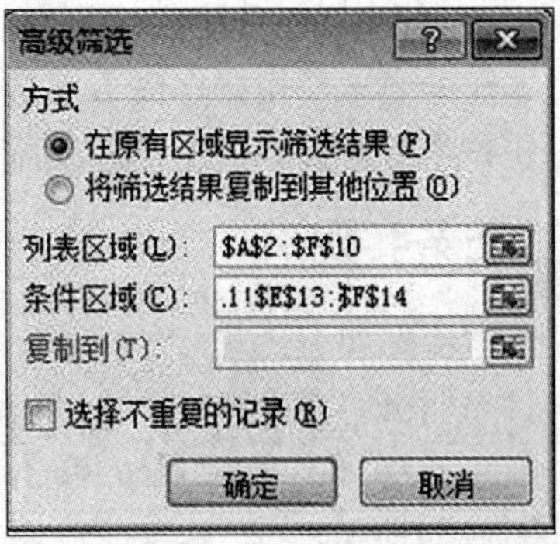

(4) 单击"确定"按钮,得到筛选结果,如图 2-7-22 所示。

图 2-7-22　筛选结果

3. 清除筛选

单击"数据"选项卡→"排序和筛选"→"清除"按钮,即可清除筛选状态,显示全部数据,如图 2-7-23 所示。

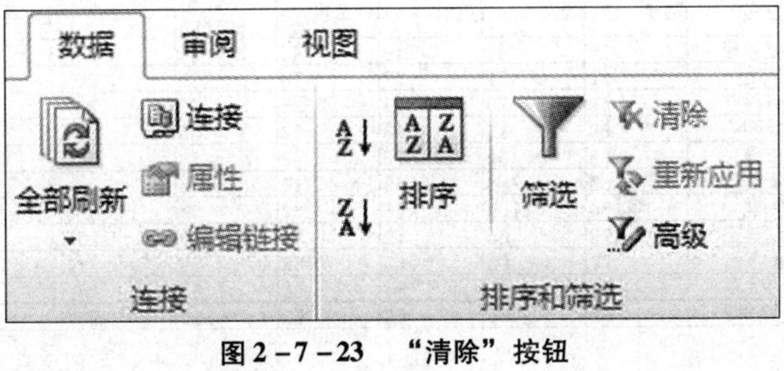

图 2-7-23　"清除"按钮

■ 任务设计

实例 12

对"实例 12 素材.xlsx"中的数学成绩按升序排序,筛选出数学及英语不及格的人员,并将筛选结果放在表的下端,最终效果见"实例 12 素材效果.xlsx"。

任务分析

本任务要求使用排序命令对数学成绩进行排序,并筛选出数学及英语不及格的人,通过本任务熟练掌握数据的排序及筛选方法。

任务实现

操作步骤如下:

(1) 打开"实例12 素材.xlsx"。

(2) 选中 C3 单元格,单击"数据"选项卡中的"升序"按钮,排序结果如图 2-7-24 所示。

	A	B	C	D	E	F	G	H	I	J
1					计算机专业10月份月考成绩					
2	序号	姓名	数学	语文	英语	计算机	美术鉴赏(50分)	色彩(50分)	设计基础	总分
3	2	田佳佳	29	49	46	43	35	26	84	312
4	6	宋瑶	31	51	77	75	35	27	60	356
5	8	张丹	40	70	23	86.5	30	23	58	330.5
6	3	徐明	60	61	46	63	35	28	80	373
7	10	李静	63	56	72	67	30	28	41	357
8	7	高天一	65	56	69	46	25	24	68	353
9	1	刘桐	70	71.5	88	62	35	37	83	446.5
10	9	赵晓杰	72	65	62	84	30	20	58	391
11	4	闫多多	77	65	67	68	35	21	72	405
12	5	佟大富	86	41	85	56	35	15	75	393
13	11	王双双	92	89	65	52	25	20	53	396

图 2-7-24 升序排序结果

(3) 输入筛选条件。选中 F16 单元格,输入"数学",选中 F17 单元格,输入"<60";选中 G16 单元格,输入"英语",选中 G17 单元格,输入"<60",效果如图 2-7-25 所示。

	A	B	C	D	E	F	G	H	I	J
1					计算机专业10月份月考成绩					
2	序号	姓名	数学	语文	英语	计算机	美术鉴赏(50分)	色彩(50分)	设计基础	总分
3	2	田佳佳	29	49	46	43	35	26	84	312
4	6	宋瑶	31	51	77	75	35	27	60	356
5	8	张丹	40	70	23	86.5	30	23	58	330.5
6	3	徐明	60	61	46	63	35	28	80	373
7	10	李静	63	56	72	67	30	28	41	357
8	7	高天一	65	56	69	46	25	24	68	353
9	1	刘桐	70	71.5	88	62	35	37	83	446.5
10	9	赵晓杰	72	65	62	84	30	20	58	391
11	4	闫多多	77	65	67	68	35	21	72	405
12	5	佟大富	86	41	85	56	35	15	75	393
13	11	王双双	92	89	65	52	25	20	53	396
14										
15										
16						数学	英语			
17						<60	<60			

图 2-7-25 输入筛选条件效果

(4) 选择单元格区域 A2:J13,单击"数据"选项卡中的"高级"按钮,在弹出的"高级筛选"对话框中进行图 2-7-26 所示设置,单击"确定"按钮。

图 2-7-26 高级筛选设置

(5) 最终效果如图 2-7-27 所示。

	A	B	C	D	E	F	G	H	I	J
1					计算机专业10月份月考成绩					
2	序号	姓名	数学	语文	英语	计算机	美术鉴赏(50分)	色彩(50分)	设计基础	总分
3	2	田佳佳	29	49	46	43	35	26	84	312
4	6	宋瑶	31	51	77	75	35	27	60	356
5	8	张丹	40	70	23	86.5	30	23	58	330.5
6	3	徐明	60	61	46	63	35	28	80	373
7	10	李静	63	56	72	67	30	28	41	357
8	7	高天一	65	56	69	46	25	24	68	353
9	1	刘桐	70	71.5	88	62	35	37	83	446.5
10	9	赵晓杰	72	65	62	84	30	20	58	391
11	4	闫多多	77	65	67	68	35	21	72	405
12	5	佟大富	86	41	85	56	35	15	75	393
13	11	王双双	92	89	65	52	25	20	53	396
14										
15										
16						数学	英语			
17						<60	<60			
18										
19										
20										
21	序号	姓名	数学	语文	英语	计算机	美术鉴赏(50分)	色彩(50分)	设计基础	总分
22	2	田佳佳	29	49	46	43	35	26	84	312
23	8	张丹	40	70	23	86.5	30	23	58	330.5

图 2-7-27 最终效果

2.8 制作数据图表

知识储备

Excel 2010 能够将工作表中的数据图表化，使数据所反映的信息以图表的形式表现出来，可以帮助用户通过图表更直观地分析数据。图表可以内嵌在工作表内，也可以以独立图表的形式成为工作簿中单独的工作表。

2.8.1 认识图表

Excel 2010 图表有柱形图、折线图、饼图、条形图、面积图、XY（散点图）、股价图、曲面图、圆环图、气泡图、雷达图等标准类型，用户可以根据需要创建不同的图表。但不论哪一类图表都由图表标题、图例、分类轴、数值轴、数据系列、刻度线与刻度标志、网格线、数据标签等元素组成，如图2-8-1所示。

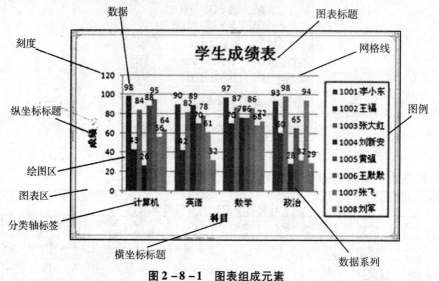

图2-8-1 图表组成元素

2.8.2 创建图表

要创建图表，可以通过"插入"选项卡"图表"选项组中的各种图表类别按钮完成，如图2-8-2所示。

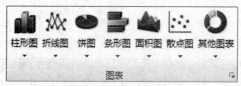

图2-8-2 图表按钮

操作步骤如下：

（1）选择作为制作图表依据的数据单元格（即数据来源）。

（2）根据需要单击"插入"选项卡中的图形按钮，在下拉列表中选择图形样式，如"柱形图"下拉列表中的二维柱形图。

例：以"成绩表1.xls"为例创建二维柱形图簇状柱形图，如图2-8-3所示。

	A	B	C	D	E	F
1			学生成绩表			
2	学号	姓名	计算机	英语	数学	政治
3	1001	李小东	98	90	97	93
4	1002	王福	43	42	70	60
5	1003	张大红	84	82	87	98
6	1004	刘新安	26	89	76	28
7	1005	黄强	88	70	76	65
8	1006	王默默	95	78	86	32
9	1007	张飞	56	61	68	94
10	1008	刘军	64	32	72	29

图2-8-3 成绩表1.xls

操作步骤如下：

（1）选择单元格区域 A2:F10，如图 2-8-4 所示。

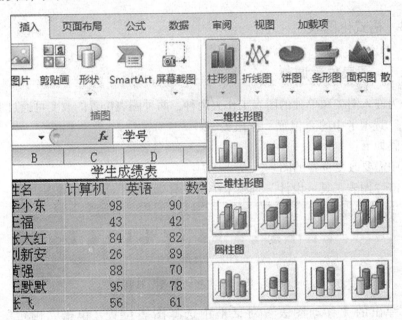

图 2-8-4　选择单元格区域 A2:F10

（2）单击"插入"选项卡中的"柱形图"按钮，在下拉列表中选择"二维柱形图"中的簇状柱形图，如图 2-8-5 所示。

图 2-8-5　选择图表类型图

（3）生成图表。生成的簇状柱形图如图 2-8-6 所示。

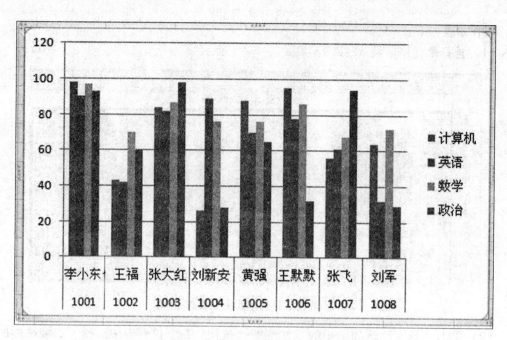

图 2-8-6 生成的簇状柱形图

2.8.3 格式化图表

2.8.3.1 图表位置调整

图表分为嵌入图表和单独的图表工作表两种，两种图表位置的改变可通过单击"图表工具-设计"选项卡中的"位置"按钮实现。

操作步骤如下：

(1) 选中需要改变位置的图表。

(2) 单击"图表工具-设计"选项卡中的"移动图表"按钮，如图 2-8-7 所示。

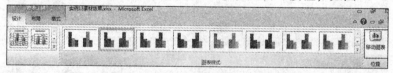

图 2-8-7 "移动图表"按钮

(3) 在弹出的"移动图表"对话框中选择图表位置，单击"确定"按钮，如图 2-8-8 所示。

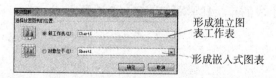

图 2-8-8 "移动图表"对话框

2.8.3.2 图表的移动和大小调整

1. 图表的移动

插入图表后,如果图表的位置不合适,可将鼠标指针放在图表区,按住鼠标左键,当鼠标指针变成✥时,拖动鼠标到合适位置,释放鼠标。

2. 图表大小的调整

图表的大小可以用鼠标进行调整,将鼠标指针放在图表区的控点处,如图2-8-9所示,当鼠标指针变为↕形状时,按住鼠标左键上下或左右拖动鼠标,直到图表调整成合适大小时释放鼠标

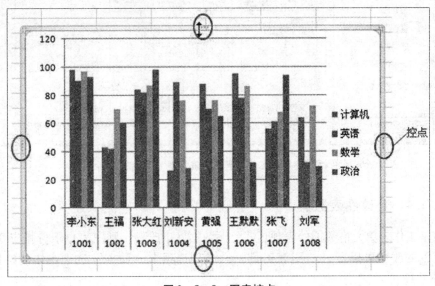

图 2-8-9 图表控点

2.8.3.3 更改图表类型

图表创建后,大部分图表可以更改图表类型,操作步骤如下:

(1) 选中要更改类型的图表。

(2) 单击"图表工具-设计"选项卡→"类型"→"更改图表类型"按钮,如图2-8-10所示。

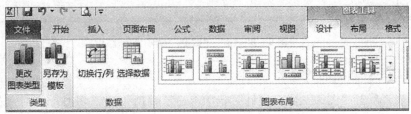

图 2-8-10 "更改图表类型"按钮

(3) 在弹出的"更改图表类型"对话框中，选择要更改的图表类型，单击"确定"按钮，如图 2-8-11 所示。

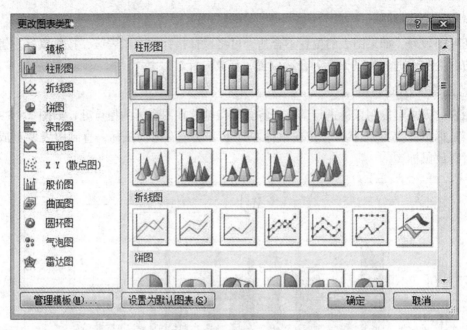

图 2-8-11 "更改图表类型"对话框

2.8.3.4 更改图表数据

图表是工作表单元格数据的表现形式，源数据发生改变，则图表也跟着相应变化。图表数据范围的改变可以通过"图表工具-设计"选项卡"数据"选项组中的按钮实现，如图 2-8-12 所示。

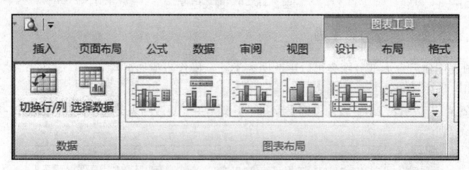

图 2-8-12 "数据"选项组

1. 图表行与列数据的转换

选中图表，单击"图表工具-设计"选项卡→"数据"→"切换行/列"按钮，可以完成图表行与列数据的转换，如图 2-8-13 和图 2-8-14 所示。

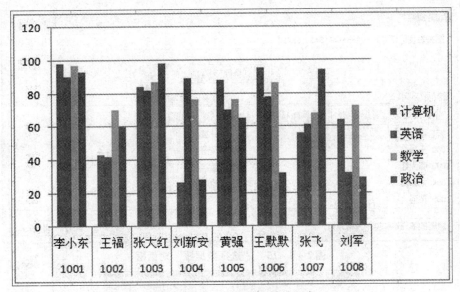

图 2-8-13 行列转换前的图表

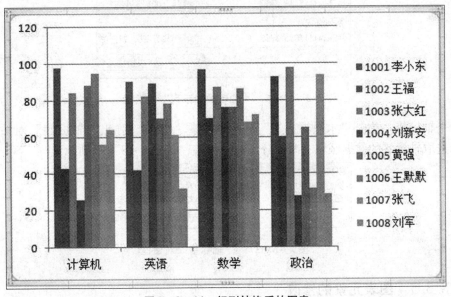

图 2-8-14 行列转换后的图表

2. 图表数据源、水平轴、图例项的改变

图表的数据源范围以及水平轴标签、图例项可以在选中图表后，单击"选择数据"按钮，在弹出的"选择数据源"对话框中更改，如图 2-8-15 所示。

图表数据区域：指图表表示的数据源范围，可以按住鼠标左键在工作表中重新选择单元格区域而改变数据源区域。

图例项：图例主要指图表中不同色彩图形所代表的数据系列，通过单击"添加""编辑"按钮，弹出"编辑数据系列"对话框，更改系列值及系列名称，如图 2-8-16 所示；单击"删除"按钮可删除系列。

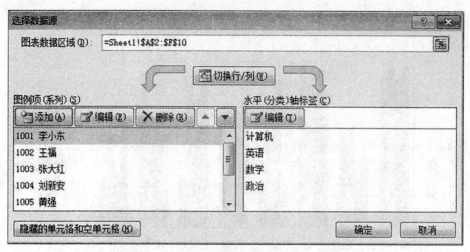

图 2-8-15 "选择数据源"对话框

图 2-8-16 "编辑数据系列"对话框

水平轴标签：单击"水平轴标签"中的"编辑"按钮，弹出"轴标签"对话框，拖动鼠标选取轴标签的数据区域，改变分类项轴标签，如图 2-8-17 所示。

图 2-8-17 "轴标签"对话框

2.8.3.5 图表元素的修改

图表中各项元素如图表标题、图例、坐标轴等可以通过"图表工具-布局"选项卡中的对应按钮进行更改，如图 2-8-18 所示。

图 2-8-18 "图表工具-布局"选项卡

如对图表的标题进行更改,则在选中图表后,单击"图形工具 – 布局"选项卡中的"图表标题"按钮,在下拉列表中选择合适的图表标题位置,如图 2 – 8 – 19 所示,然后输入图表标题,如图 2 – 8 – 20 所示。

图 2 – 8 – 19　图表标题更改按钮

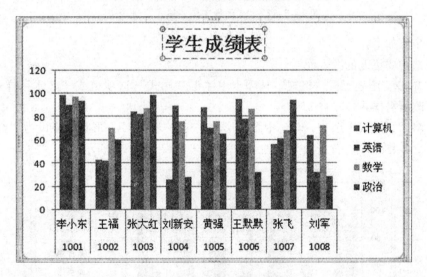

图 2 – 8 – 20　输入图表标题

2.8.3.6　图表布局和图表样式的修改

在 Excel 2010 中有很多内置的图表样式和图表布局方式,可以选中图表后,单击"图表工具 – 设计"选项卡中"图表布局"选项组中的按钮选择合适的布局,也可以在"图表样式"选项组中选择不同的样式,如图 2 – 8 – 21 所示。

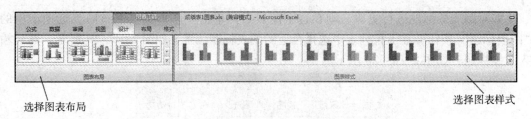

图 2-8-21 "图表布局"选项组和"图表样式"选项组

2.8.3.7 自定义图表样式

图表中的数据系列、图例、分类标签、坐标轴、绘图区、图表等除了位置等信息可以改变外,格式也可以根据需要自定义设置,如填充颜色、文本效果、形状效果等。这些图表元素格式的变更是通过"图表工具-格式"选项卡完成的,如图 2-8-22 所示。

图 2-8-22 "图表工具-格式"选项卡

操作步骤如下:
(1) 选中要更改的图表元素。
(2) 单击"图表工具-格式"选项卡中"形状样式"选项组或"艺术字样式"选项组按钮更改所需样式。

例:将"成绩表1图表.xls"中图例形状填充为"蓝色",形状效果设为"红色发光,5pt 发光",绘图区填充背景设为纹理"水滴",如图 2-8-23 所示。

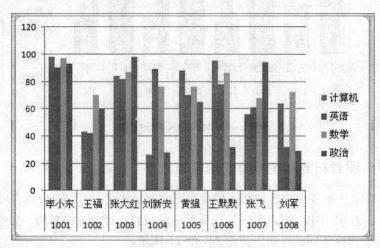

图 2-8-23 成绩表 1 图表

操作步骤如下：
① 选中图例，如图 2-8-24 所示。

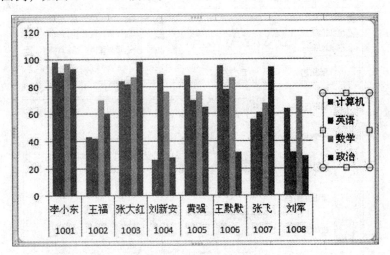

图 2-8-24　选中图例

② 单击"图表工具-格式"选项卡→"形状样式"→"形状填充"→"蓝色"按钮，如图 2-8-25 所示。

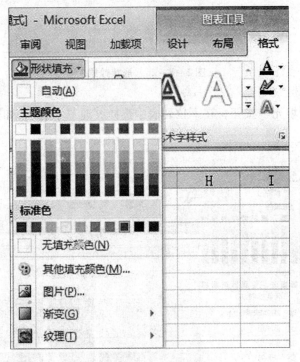

图 2-8-25　形状填充

③ 单击"图表工具-格式"→"形状样式"→"形状效果"→"红色发光，5pt 发光"按钮，如图 2-8-26 所示。

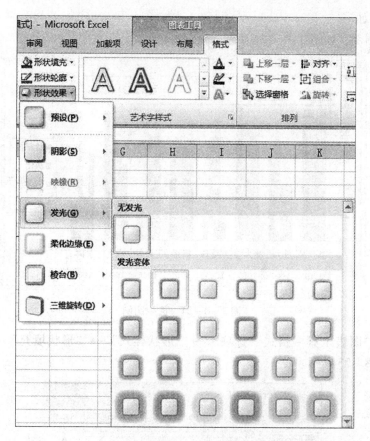

图 2-8-26 形状效果

④ 选中"绘图区"。

⑤ 单击"形状填充"按钮,在下拉列表中选择纹理"水滴",如图 2-8-27 所示。

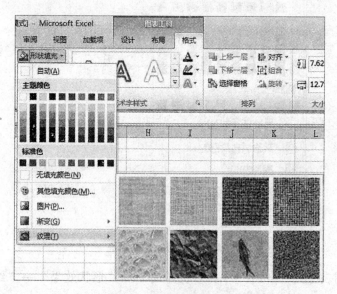

图 2-8-27 填充纹理

⑥ 最终效果如图 2-8-28 所示。

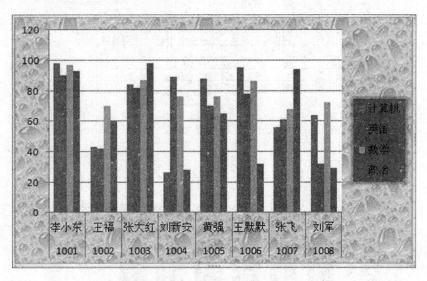

图 2-8-28 最终效果

（3）单击"图表工具-格式"选项卡中的"重设以匹配样式"按钮，清除设置的样式信息，如图 2-8-29 所示。

图 2-8-29 清除自定义图表样式

任务设计

实例 13

根据"实例 13 素材.xlsx"中的成绩表绘制学生成绩簇状柱形图，图表标题为"学生成绩表"，横坐标轴名称为"科目"，纵坐标轴名称为"分数"，图表嵌入数据表下方，存放在单元格区域 A10:H22 内，最终效果见"实例 13 素材效果.xlsx"。

任务分析

本任务根据工作表中的数据，在数据表下方插入图表，并设置图表的标题、分类轴和数值轴，达到熟练掌握数据图表的制作方法的目的。

任务实现

操作步骤如下：

（1）选择单元格区域 A2:H6，单击"插入"选项卡中的"柱形图"按钮，在下拉列表中选择"二维簇状柱形图"，效果如图 2-8-30 所示。

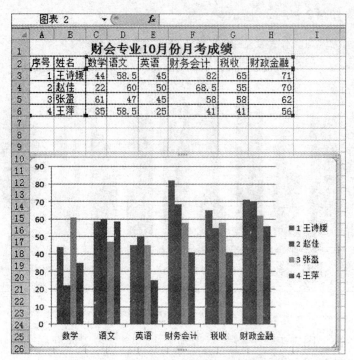

图 2-8-30 插入二维簇状柱形图效果

（2）选中图表，单击"图表工具-布局"选项卡中的"图表标题"按钮，在下拉列表中选择"图表上方"，在图表标题处输入标题"学生成绩表"，效果如图 2-8-31 所示。

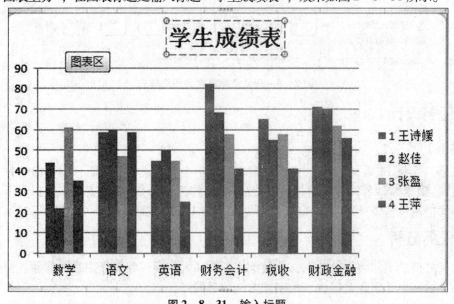

图 2-8-31 输入标题

（3）单击"图表工具-布局"选项卡中的"坐标轴标题"按钮，在下拉列表中选择"主要横坐标轴标题"→"坐标轴下方标题"命令，在标题处输入"科目"，效果如图 2-8-32 所示。

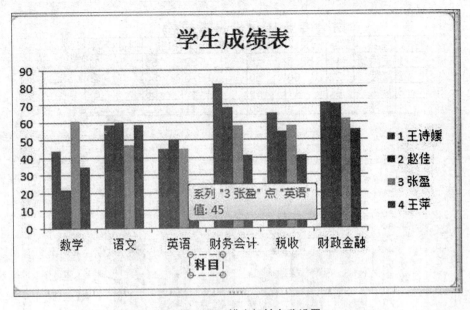

图 2-8-32 横坐标轴名称设置

(4) 单击"图表工具-布局"选项卡中的"坐标轴标题"按钮,在下拉列表中选择"主要纵坐标轴标题"→"竖排标题"命令,在标题处输入"分数",效果如图 2-8-33 所示。

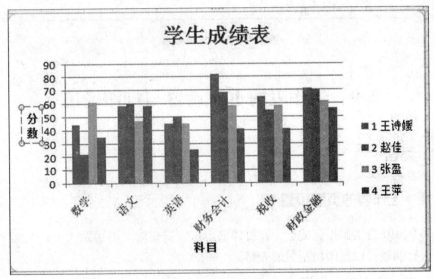

图 2-8-33 纵坐标轴名称设置

(5) 选中图表,按住鼠标左键移动图表到 A10 单元格处,调整图表大小,使图表位于单元格区域 A10:H22 内,最终效果如图 2-8-34 所示。

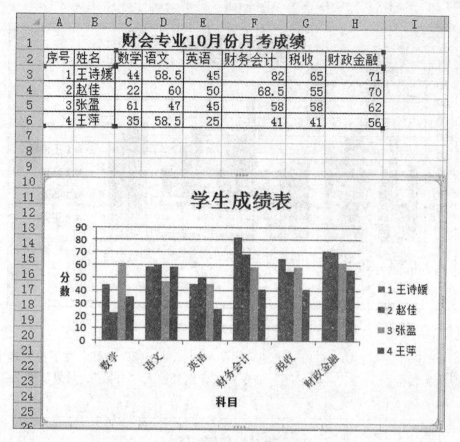

图 2-8-34 最终效果

2.9 工作表的页面设置与打印输出

■ 知识储备

2.9.1 工作表的页面设置

当 Excel 2010 表格制作完成后,在打印输出前,需要对页面边距大小、纸张大小、纸张方向等进行调整,以打印出精美的表格。

2.9.1.1 页边距的设置

Excel 2010 中自带普通、宽、窄三种页边距设置,可以通过"页边距"下拉列表直接选择其中的一种,快速设置页边距;也可以自定义页边距,根据需要调整页边距的位置。

操作步骤如下:

(1)单击"页面布局"选项卡中的"页边距"按钮,如图 2-9-1 所示。

图 2-9-1 "页边距"按钮

（2）在"页边距"下拉列表中选择"自定义边距"命令，在弹出的"页面设置"对话框中设置上、下、左、右页边距，如图 2-9-2 所示。

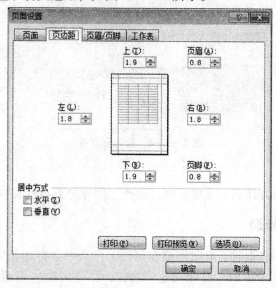

图 2-9-2 "页面设置"对话框

2.9.1.2 纸张方向和纸张大小的设置

根据打印纸张的大小及打印方向的要求，可以通过"页面布局"选项卡中"纸张方向"和"纸张大小"两个按钮对纸张的打印方向和纸张大小进行设置，如图 2-9-3 所示。

图 2-9-3 "纸张方向"和"纸张大小"按钮

纸张方向分为横向和纵向两种，对于列数较多、表格较宽的工作表，打印时多采用横向，其余可采用纵向。

纸张大小可以根据打印纸大小，在"纸张大小"按钮下拉列表中选择纸张大小。

2.9.1.3 插入/删除分页符

当打印内容多于一页时，Excel 2010 自动将工作表分成几页打印，也可根据需要在适当位置手动分页。

1. 插入分页符

操作步骤如下：

（1）选中要分页的位置，可以选中单元格（行或者列）。

（2）选择"页面布局"选项卡"分隔符"按钮中的"插入分页符"命令，即在选中的单元格（行或列）的上方（左方）插入分页符，如图2-9-4所示。

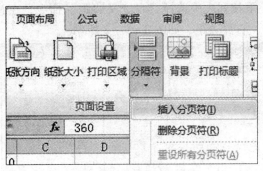

图2-9-4 插入分页符

2. 删除分页符

在分页符下方或右方任选一个单元格，选择"删除分页符"命令，即可删除分页符。

2.9.1.4 打印标题

当一张工作表打印多页时，有时需要在每张工作表中都打印相同的行或列作为标题，单击"页面布局"选项卡中的"打印标题"按钮，在弹出的"页面设置"对话框中可以完成相应的设置，如图2-9-5所示。

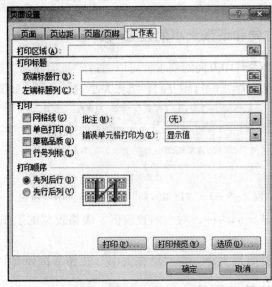

图2-9-5 打印标题设置

设置顶端标题行：将光标插入"顶端标题行"文本框，在工作表中选择作为标题行的单元格区域,单击"确定"按钮,如图2-9-6所示。

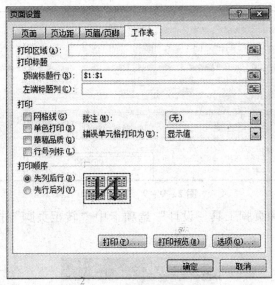

图2-9-6 设置顶端标题行

设置左端标题列:将光标插入"左端标题列"文本框,在工作表中选择作为标题列的单元格区域,单击"确定"按钮。

2.9.2 页眉和页脚的设置

单击"插入"选项卡→"文本"→"页眉和页脚"按钮(图2-9-7),通过"页眉和页脚工具-设计"选项卡中"页眉和页脚"选项组和"页眉和页脚元素"选项组的按钮完成工作表页眉和页脚的设置,如图2-9-8所示。

图2-9-7 "页眉和页脚"按钮

图2-9-8 "页眉和页脚"和"页眉和页脚元素"选项组

例:给"住房补贴表.xlsx"添加页眉,页眉内容为"工作表名",页脚插入页码,页码格式为"第1页,共Y页"。

操作步骤如下:
(1) 单击"插入"选项卡→"文本"→"页眉和页脚"按钮。
(2) 在"页眉和页脚工具-设计"选项卡中单击"页眉和页脚元素"选项组的"文

件名"按钮,则在页眉位置插入了"文件名",如图 2-9-9 所示。

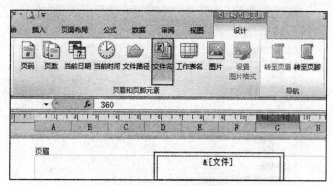

图 2-9-9　插入页眉

（3）单击"页眉和页脚工具 - 设计"选项卡中"转至页脚"按钮,如图 2-9-10 所示。

图 2-9-10　"转至页脚"按钮

（4）单击"页脚"按钮,在下拉列表中选择"第 1 页,共？页",完成页脚的设置,如图 2-9-11 所示。

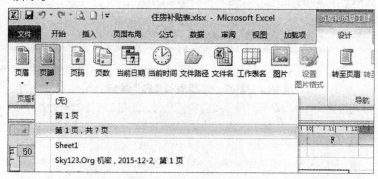

图 2-9-11　页脚的设置

2.9.3　工作表的打印预览和打印输出

选择"文件"选项卡的"打印"命令,完成打印预览及打印的功能,在窗口右半部分显示的为打印预览内容,左半部分为与打印相关的设置按钮,如图 2-9-12 所示。

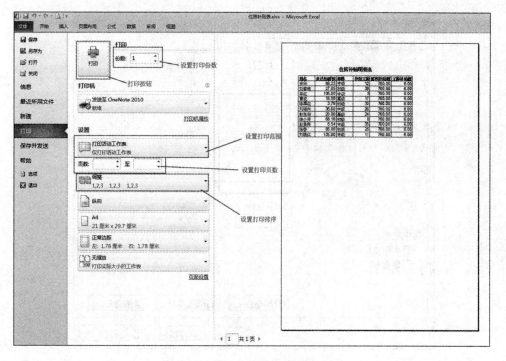

图 2-9-12 打印及打印预览窗口

任务设计

实例 14

以"实例 14 素材.xlsx"数据为依据，完成下列操作：
（1）设置页边距为上 2 厘米，下 2 厘米。
（2）在住房补贴表姓名为"韩中"的人员前分页。
（3）每页设置标题行。
（4）页眉设为"住房补贴表"，插入页码。
最终效果见"实例 14 素材效果.xlsx"。

任务分析

本任务通过设置页边距、插入分页符及页眉和页脚的设置，达到熟练掌握工作表页面设置的操作方法的目的。

任务实现

操作步骤如下：
（1）打开"实例 14 素材.xlsx"。
（2）单击"页面布局"选项卡中的"页边距"按钮，在下拉列表中选择"自定义边距"命令，在弹出的"页面设置"对话框中进行设置，如图 2-9-13 所示。

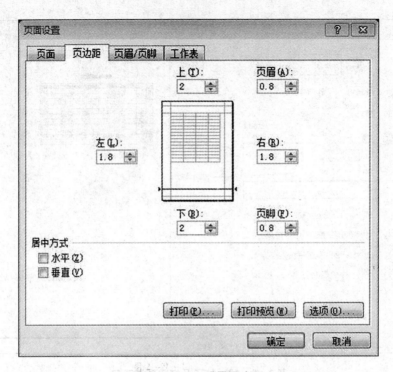

图 2-9-13 设置页边距

(3)选择"开始"选项卡中的"查找"命令,查找内容为"韩中",单击"查找下一个"按钮,将活动单元格定位在 A26 处,效果如图 2-9-14 所示。

	A	B	C	D	E	F	G	H	I
13	11	陈晓华	105.00	中级	11	760.00	6.00		
14	12	崔明明	120.00	高级	20	760.00	6.00		
15	13	刘和义	3.79	初级	42	760.00	6.00		
16	14	李刚	93.21	中级	22	760.00	6.00		
17	15	范小华	36.00	高级	13	760.00	6.00		
18	16	范中俊	105.00	初级	17	760.00	6.00		
19	17	范艳	67.29	中级	8	760.00	6.00		
20	18	方兴	57.68	初级	28	760.00	6.00		
21	19	丰收	85.00	中级	0	760.00	6.00		
22	20	冯艳	53.00	高级	26	760.00	6.00		
23	21	高清	30.19	初级	38	760.00	6.00		
24	22	高相一	69.30	中级	26	760.00	6.00		
25	23	高坤	19.19	高级	24	760.00	6.00		
26	24	耿俊梅	105.00	初级	6	760.00	6.00		
27	25	郭连军	40.10	高级	10	760.00	6.00		
28	26	韩中	9.59	高级	23	760.00	6.00		
29	27	韩丽宁	105.00	中级	0	760.00	6.00		
30	28	郝华	55.00	初级	14	760.00	6.00		
31	29	郝英	14.72	中级	42	760.00	6.00		
32	30	胡静	33.76	高级	19	760.00	6.00		
33	31	胡耀中	58.21	初级	28	760.00	6.00		
34	32	黄春芳	33.83	中级	9	760.00	6.00		
35	33	黄春波	39.27	高级	35	760.00	6.00		

图 2-9-14 定位单元格效果

（4）单击"页面布局"选项卡中的"分隔符"按钮，在下拉列表中选择"插入分页符"命令，效果如图2－9－15所示。

图2－9－15　在姓名为"韩中"的人员前分页效果

（5）单击"页面布局"选项卡中的"打印标题"按钮，在弹出的"页面设置"对话框中的"工作表"选项卡下进行设置，如图2－9－16所示，单击"确定"按钮。

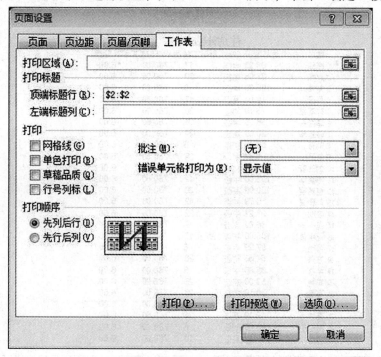

图2－9－16　设置打印标题

(6) 单击"插入"选项卡中的"页眉和页脚"按钮,在页眉处输入"住房补贴表",如图2-9-17所示。

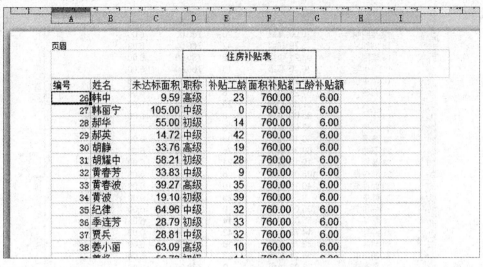

图2-9-17 页眉的设置

(7) 单击"页眉和页脚工具-设计"选项卡中的"页脚"按钮,在下拉列表中选择"第1页,共?页"命令,完成插入页码的操作,单击"打印预览"按钮,最终效果如图2-9-18所示。

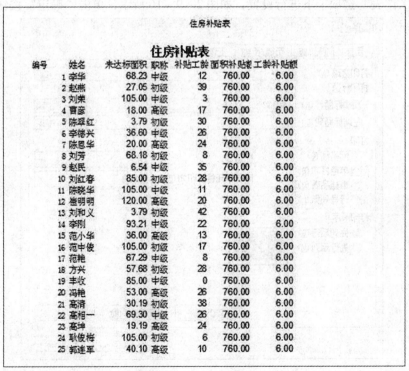

图2-9-18 最终效果

综 合 练 习

以"Excel 练习.xlsx"为素材,完成下列操作,操作结果见"Excel 练习答案.xlsx"。

1. Excel 表内容

Excel 表内容如下图所示。

	A	B	C	D	E	F	G
1	基本情况表						
2	姓名	出生日期	通讯地址	邮政编码	基本工资	补贴	实发工资
3	王红丽	1987/5/8	和平区	110013	1800	300	
4	张超	1989/10/23	大东区	110024	1650	200	
5	李宇	1970/9/8	铁西区	110015	2645	400	
6	刘明明	1965/11/16	于洪区	110026	3240	400	
7	赵铭华	1978/4/15	和平区	110010	2098	300	
8	孙晓晨	1982/7/18	铁西区	110026	1924	300	

图 Excel 表内容

2. 完成如下操作

(1)将单元格区域 A1:G1 合并居中,字号为 24,蓝色,加粗,隶书。

(2)在"王红丽"后插入一名职工信息,内容为"杨佳 1988-5-16 和平区 110010 1700 200"。

(3)将出生日期设为如下日期格式:1988-05-06。

(4)将 B 列列宽调整为 10,其他列宽为自动调整列宽;第 1 行行高调整为 40,其他行高为 20。

(5)将第 2 行设为水平居中,字号为 12,黑体。

(6)将每名同学的姓名加浅绿色底纹。

(7)将表格外框设为蓝色双线,内线设为蓝色单线。

(8)将表内(除标题外)的内容水平居中、垂直居中。

(9)删除"李宇"的相关数据信息。

(10)在 Sheet1 表后插入一张工作表,表名为"职工情况表",并将表标签改为红色。

(11)删除 Sheet3 表,并将"职工情况表"移到 Sheet2 后。

(12)计算每个职工实发工资,结果保留一位小数,前面增加人民币符号"¥"。

(13)按职工姓名笔画升序排序。

(14)筛选出基本工资大于 2000 的职工,将结果复制到 Sheet2 表中。

(15)设置页边距为上、下、左、右 2 厘米,页眉输入"基本情况表",页脚插入页码"第 1 页,共 ? 页"。

最终效果见"Excel 练习答案.xlsx"。

第3章 演示文稿软件PowerPoint 2010

3.1 认识 PowerPoint 2010

PowerPoint 2010 可以将一系列有相关内容的文字、图片、表格、声音、视频等信息，按一定的顺序制作成图文并茂的演示文稿，这些演示文稿为商业、教育、科技等方面的信息交流提供了便利，使传达的信息更为直观，易于被用户接受。

PowerPoint 2010 相较于以前版本新增了很多功能。

1. 增加视频、图片和动画的编辑功能

PowerPoint 2010 可以对音频或视频进行剪辑，删除无关的部分；增强了图片的处理功能，可以删除图片背景并对图片应用艺术效果；在动画切换之间可以应用三维动画切换效果，使文稿演示时更吸引观众。

2. 自动保存演示文稿的多种版本

当启用自动恢复或自动保存设置后，PowerPoint 2010 能够恢复早期版本的演示文稿，尽可能挽回由于错误操作带来的损失，也可以在约定的时间间隔内自动保存演示文稿。

3. 增加了动画刷工具

PowerPoint 2010 中可以使用动画刷复制某一对象中的动画效果并将它粘贴到其他对象中，使这些对象具有相同的动画效果。

4. 将音频和视频文件直接嵌入演示文稿中

当演示文稿中包含音频和视频文件时，不再需要同时携带这些文件，只需将这些文件嵌入演示文稿中就能使演示文稿顺利播放。

5. 将鼠标指针转变为激光笔

在"幻灯片放映"视图中，可以将鼠标指针变成激光笔，标记需要强调的要点。

知识储备

3.1.1 启动 PowerPoint 2010

常用的 PowerPoint 2010 的启动方法如下。

(1) 单击"开始"按钮,在弹出的"开始"菜单中选择"所有程序"→"Microsoft Office"→"Microsoft PowerPoint 2010"命令,启动 PowerPoint 2010,进入工作界面。

(2) 双击桌面中 PowerPoint 2010 快捷方式图标。

(3) 打开已有的 PowerPoint 文档的同时启动 PowerPoint 2010。

3.1.2 认识 PowerPoint 2010 的窗口界面

PowerPoint 2010 的窗口界面由标题栏、快速访问工具栏、功能区、工作区、状态栏、备注编辑区、幻灯片/大纲视图编辑区组成,如图 3-1-1 所示。

图 3-1-1 PowerPoint 2010 窗口界面

(1) 标题栏:显示当前编辑的演示文稿名,如图 3-1-1 所示,当前编辑的文档名为"演示文稿 1",标题栏右侧为最大化/还原按钮、"最小化"按钮和"关闭"按钮。

(2) 快速访问工具栏:包括一些常用命令,如保存、撤销、恢复等,快速访问工具栏的常用命令及显示位置的设定方法参见 1.1 节。

(3) 功能区:功能区由选项卡、选项组及相应的命令按钮组成,如"开始"选项卡中有字体、段落及幻灯片、绘图等选项组,每一个选项组中有常用的命令按钮,如图 3-1-2 所示。

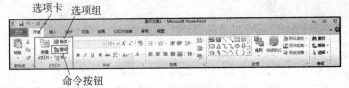

图 3-1-2 功能区组成

选项卡、选项组及选项组中的命令按钮的添加、修改和删除方法同 1.1 节中的设置方法。

（4）工作区：在该区域可以对每张幻灯片的内容进行编辑，可以输入文字、图片、音频、视频等。

（5）状态栏：用于显示幻灯片的张数、当前光标所在的位置、缩放级别及视图模式等。

（6）备注编辑区：可以给幻灯片添加备注信息，对幻灯片中的内容做补充注释，可以起到辅助演讲的作用。

（7）幻灯片/大纲视图编辑区：选择"幻灯片"选项卡，可以将演示文稿中的所有幻灯片以缩略图的形式直观地显示出来；选择"大纲"选项卡，可以将幻灯片以大纲的形式显示出来，显示每张幻灯片的标题和文字内容。

3.1.3 退出 PowerPoint 2010

选择"文件"选项卡中的"退出"命令，退出 PowerPoint 2010 程序；也可以通过标题栏的"关闭"按钮，关闭所有演示文稿后退出。

3.2 演示文稿的基本操作

知识储备

3.2.1 创建演示文稿

PowerPoint 2010 可以创建空白演示文稿，也可根据软件自带或网络上的模板创建，还可根据已有内容创建新演示文稿。

1. 创建空白演示文稿

选择"文件"选项卡中"新建"命令，选中"空白演示文稿"，单击"创建"按钮，如图 3-2-1 所示。

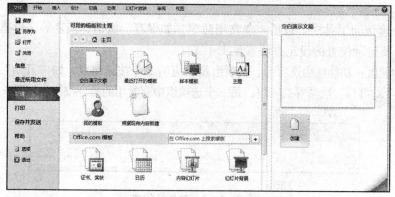

图 3-2-1 创建空白演示文稿

2. 根据模板创建演示文稿

选择"文件"选项卡中"新建"命令，单击"样本模板""主题"或 Office.com 中的模板，在弹出的模板样式中，根据需要选择一种样式，单击"创建"按钮。

例：根据"都市相册"模板创建演示文稿。

（1）选择"文件"选项卡中"新建"命令，选中"样本模板"，如图 3-2-2 所示。

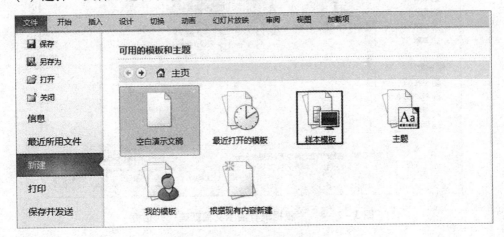

图 3-2-2　新建样本模板

（2）在样本模板中选择"都市相册"，单击"创建"按钮，如图 3-2-3 所示。

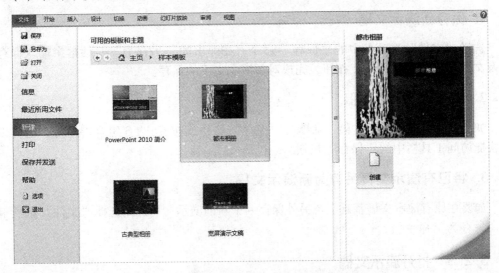

图 3-2-3　根据"都市相册"模板创建新演示文稿

3. 根据现有内容创建演示文稿

选择"文件"选项卡中的"新建"命令，选中"根据现有内容新建"，在弹出的"根据现有演示文稿新建"对话框中，选择已有的演示文稿，单击"新建"按钮，这样创建的演示文稿是在已有的演示文稿基础上创建的新演示文稿，如图 3-2-4 所示。

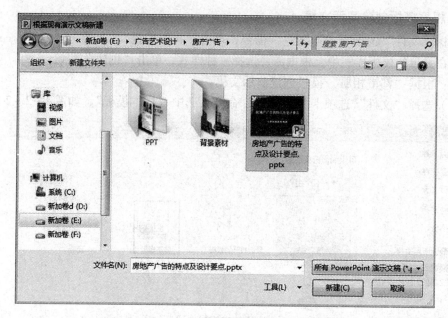

图 3-2-4 "根据现有演示文稿新建"对话框

3.2.2 保存演示文稿

1. 保存新演示文稿

选择"文件"选项卡中的"保存"命令,在弹出的"另存为"对话框中输入保存位置及文件名,单击"保存"按钮,完成对新演示文稿的保存。

2. 保存已有演示文稿

如果是保存已有演示文稿,则单击"保存"按钮或按 Ctrl+S 组合键即可,也可以单击快捷访问工具栏中的"保存"按钮。

3. 将已有演示文稿另存为新演示文稿

如要在原有演示文稿基础上再另外保存一个新的演示文稿,则选择"文件"选项卡中的"另存为"命令。

3.2.3 打开演示文稿

可以双击直接打开演示文稿,也可在"文件"选项卡中选择"打开"命令,在弹出的"打开"对话框中,选中要打开的文件,单击"打开"按钮,如图 3-2-5 所示。

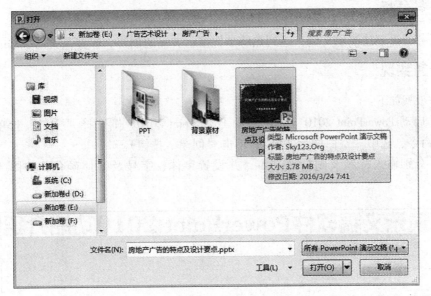

图 3-2-5 打开演示文稿

3.2.4 关闭演示文稿

单击窗口右上角的"关闭"按钮 ✕ 或者选择"文件"选项卡中的"关闭"命令可以关闭演示文稿。

任务设计

实例 15

创建演示文稿"演示文稿软件 PowerPoint 2010 功能介绍 . pptx",演示文稿内容及样式如图 3-2-6 所示。

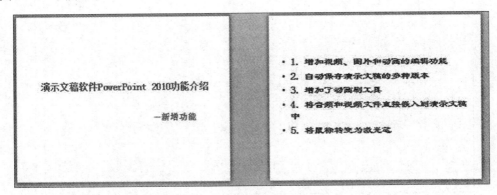

图 3-2-6 "演示文稿软件 PowerPoint 2010 功能介绍 . pptx"演示文稿内容及样式

■ 任务分析

本任务通过创建演示文稿，达到熟练掌握演示文稿的创建、保存及关闭方法的目的。

■ 任务实现

操作步骤如下：

（1）启动 PowerPoint 2010（如已启动 PowerPoint 2010，则选择"文件"选项卡中的"新建"命令，选中"空白演示文稿"，单击"创建"按钮）。

（2）分别输入标题及副标题文本，并设置字体、字号及字体颜色，如图 3-2-7 所示。

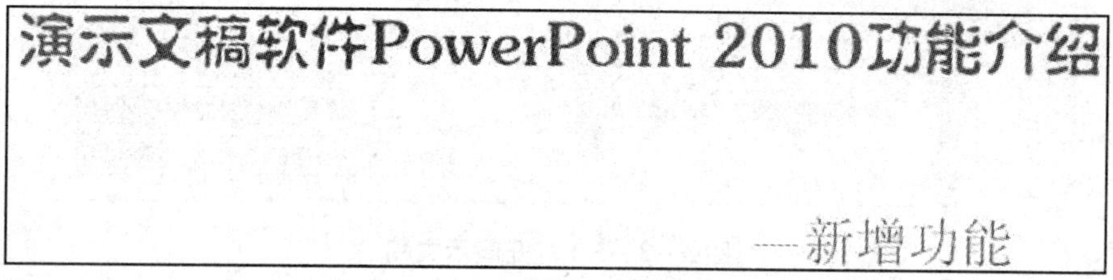

演示文稿软件PowerPoint 2010功能介绍
——新增功能

图 3-2-7　演示文稿

（3）单击"开始"选项卡中的"新建幻灯片"右侧的下三角按钮，在下拉列表中选择新建幻灯片的版式"标题和内容"，如图 3-2-8 所示。

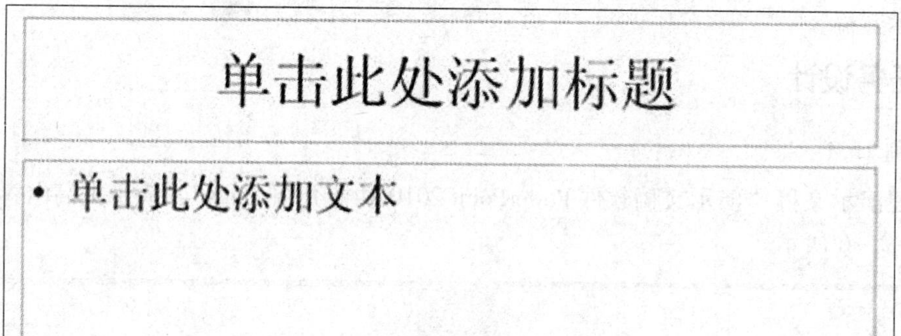

单击此处添加标题

- 单击此处添加文本

图 3-2-8　新建版式为"标题和内容"的幻灯片

（4）添加文本，如图 3-2-9 所示，并改变字体、字号及字体颜色。

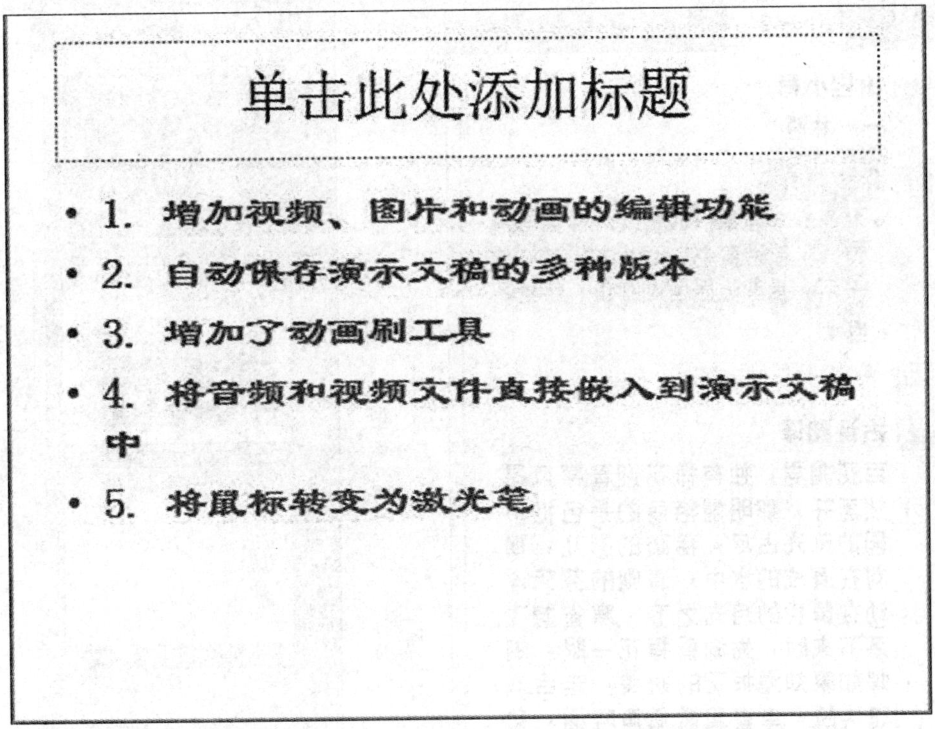

> **单击此处添加标题**
>
> - 1. 增加视频、图片和动画的编辑功能
> - 2. 自动保存演示文稿的多种版本
> - 3. 增加了动画刷工具
> - 4. 将音频和视频文件直接嵌入到演示文稿中
> - 5. 将鼠标转变为激光笔

图 3-2-9 添加文本

（5）选择"文件"选项卡中的"保存"命令，设置保存路径及文件名"演示文稿软件 PowerPoint 2010 功能介绍"，单击"保存"按钮。

（6）选择"文件"选项卡中的"关闭"按钮，关闭该演示文稿。

3.3 幻灯片的基本操作

知识储备

3.3.1 选择幻灯片

在大纲视图编辑区，单击标题前的图标■，即可选中幻灯片，如图 3-3-1 所示。如在幻灯片视图编辑区，只需单击幻灯片的缩略图即可，如图 3-3-2 所示。

选择第一张幻灯片后按住 Shift 键的同时再选择另一张幻灯片，可以选择包括这两张幻灯片在内的一个连续幻灯片组；如按住 Ctrl 键的同时选择幻灯片，可以选择不连续的幻灯片。

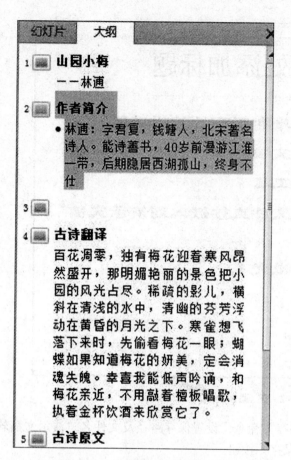
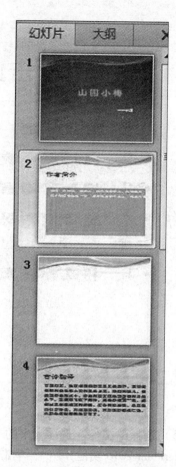

图3-3-1　大纲视图下选择幻灯片　　　　图3-3-2　幻灯片视图下选择幻灯片

3.3.2　插入幻灯片

插入幻灯片前需选定要插入幻灯片的位置的前一张幻灯片，如要在第2张幻灯片后插入幻灯片，则选中第2张幻灯片。

（1）新建空白幻灯片。单击"开始"选项卡中的"新建幻灯片"按钮，新建一张空白的幻灯片，如图3-3-3所示。

图3-3-3　新建幻灯片

（2）插入带版式的幻灯片。单击"新建幻灯片"右侧的下三角按钮，在展开的下拉列表中选择需要的版式,这样就插入一张带有版式的幻灯片,如图 3-3-4 所示。

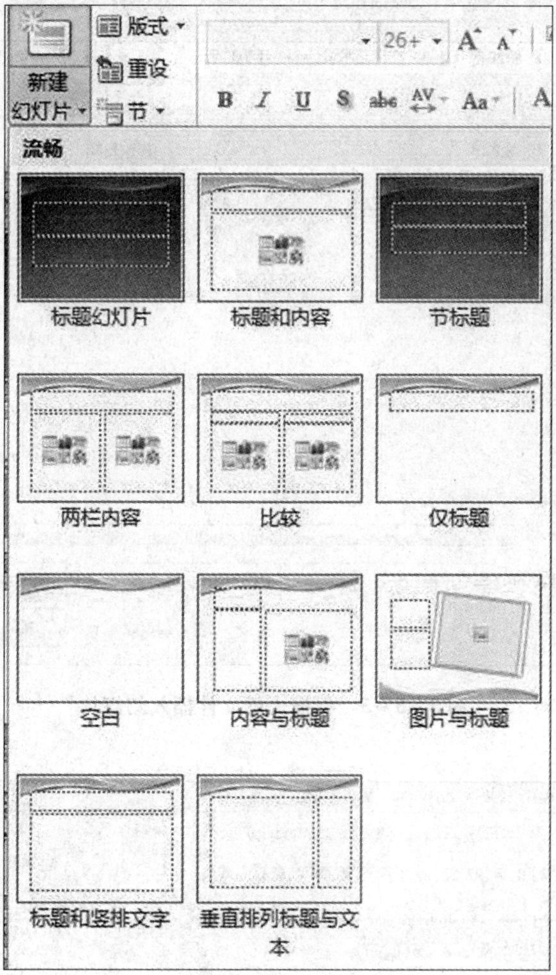

图 3-3-4 插入带版式的幻灯片

(3)根据大纲插入幻灯片。在"新建幻灯片"下拉列表中选择"幻灯片(从大纲)",在弹出的"插入大纲"对话框中,选择新建幻灯片的大纲文件,单击"插入"按钮,如图 3-3-5 所示。

(4)插入其他演示文稿中的幻灯片。在"新建幻灯片"下拉列表中选择"重用幻灯片"命令,在弹出的重用幻灯片任务窗格中,选择要插入的演示文稿,选择需要插入的幻灯片,如图 3-3-6 所示。

如插入"中职生职业生涯规划.ppt"中的第 2 张幻灯片,则在任务窗格中选择文件,然后单击第 2 张幻灯片。

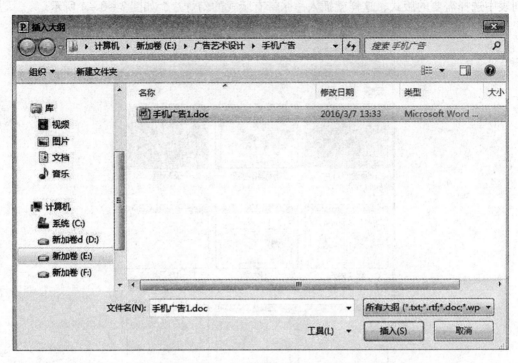

图 3-3-5 根据大纲文件插入幻灯片

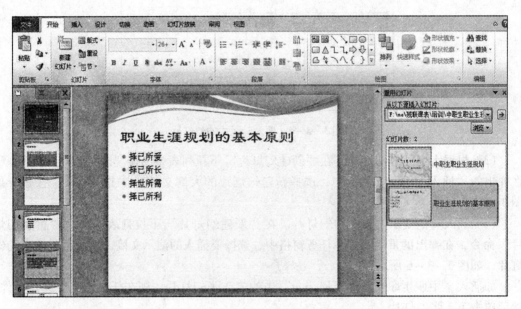

图 3-3-6 插入其他演示文稿中的幻灯片

3.3.3 移动复制幻灯片

1. 移动幻灯片

选中要移动的幻灯片,按住鼠标拖动,鼠标指针变为 时,拖动到要移动的位置,在要移动的位置处的两个幻灯片之间,有一条蓝线,此时释放鼠标。如要将第 3 张幻灯片移动到第 5 张前面,选中第 3 张幻灯片后按住鼠标左键,拖动至第 5 张幻灯片处,在第 5 张幻灯片前出现蓝线时释放鼠标,完成移动,如图 3-3-7 所示。

2. 复制幻灯片

选中要复制的幻灯片,右击,在弹出的快捷菜单中选择"复制幻灯片"命令或者按住鼠标拖动到要复制的位置,在要复制的位置处的两个幻灯片之间,有一条蓝线,按住 Ctrl 键,鼠标指针变为 ,此时释放鼠标,如图 3-3-8 所示。

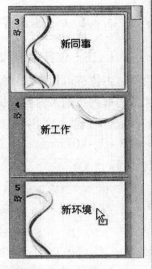

图 3-3-7 移动幻灯片

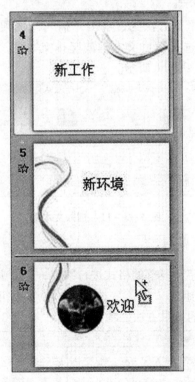

图 3-3-8 复制幻灯片

3.3.4 删除幻灯片

选中要删除的幻灯片,按 Delete 键,删除选定的幻灯片。

3.3.5 编辑幻灯片内容

3.3.5.1 插入并编辑文本文字

1. 在占位符中添加文字

占位符可用来规划幻灯片的版式结构，在固定位置预留空间输入相关信息，通常在虚线边框内有输入内容的提示信息，如"单击此处添加副标题"等，如图3-3-9所示。在占位符内输入文本的方法是，在边框内单击确定插入点，然后输入相关文字，如图3-3-10所示。

图3-3-9　占位符　　　　　图3-3-10　在占位符中输入文本

2. 插入文本框并添加文字

在演示文稿中插入文本框的方法为，单击"插入"选项卡中的"文本框"按钮，在展开的下拉列表中根据需要选择横排文本框或竖排文本框，在幻灯片上单击，确定插入点，然后输入文字，如图3-3-11所示。

图3-3-11　插入文本框

3. 文字和段落的编辑

在演示文稿中，要对文字和段落的格式进行编辑，先选中文字或段落，然后应用"开始"选项卡中"字体"选项组或"段落"选项组的各个按钮来完成，各个按钮的使用方法同Word 2010文字或段落的编辑方法，参见1.4节，如图3-3-12所示。

图3-3-12　文字和段落格式的编辑按钮

3.3.5.2 插入图片、剪贴画

为了使幻灯片更生动活泼，吸引观看者，可以插入一些图片以更好地说明表述内容。可以插入本地计算机中的图片，也可以插入 Office 自带的剪贴画，这些操作都可以通过"插入"选项卡"图像"选项组中的命令按钮完成，如图 3 – 3 – 13 所示。

图 3 – 3 – 13　插入图片和剪贴画按钮

1. 插入本地计算机中的图片

选中幻灯片，单击"插入"选项卡→"图像"→"图片"按钮，在弹出的"插入图片"对话框中，选择要插入的图片，单击"插入"按钮，如图 3 – 3 – 14 所示。

图 3 – 3 – 14　"插入图片"对话框

2. 插入剪贴画

选中幻灯片，单击"插入"选项卡→"图像"→"剪贴画"按钮，在弹出的"剪贴画"对话框中，输入要插入的剪贴画名称，搜索后单击要插入的剪贴画。例如，输入"植物"，单击"搜索"按钮，在显示的植物图片中，单击需要插入的牡丹的图片，如图 3 – 3 – 15 所示。

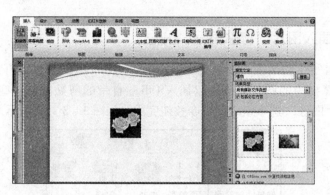

图 3-3-15　插入剪贴画

3.3.5.3　插入表格

在销售情况与数据相关的演示文稿中，常常需要插入表格。插入表格可以插入标准表格，也可以通过手绘表格插入不规则表格，还可以插入 Excel 表格。

1. 插入标准表格

选中幻灯片，单击"插入"选项卡中的"表格"按钮，在下拉列表中选择要插入的行数和列数，快速插入表格（图 3-3-16）；也可以在下拉列表中选择"插入表格"命令，在弹出的"插入表格"对话框中，输入行数和列数，完成表格的插入，如图 3-3-17 所示。

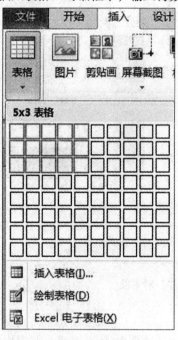

图 3-3-16　快速插入表格

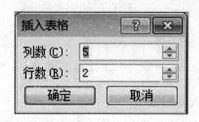

图 3-3-17　"插入表格"对话框

2. 手绘表格

选中幻灯片，单击"绘制表格"命令，当鼠标指针变为 ⫽ 时，可在幻灯片中自由绘制表格，并可以用"表格工具 – 设计"选项卡中"绘图边框"选项组按钮进行表格线的绘制和清除，对表格进行编辑，如图 3 – 3 – 18 所示。

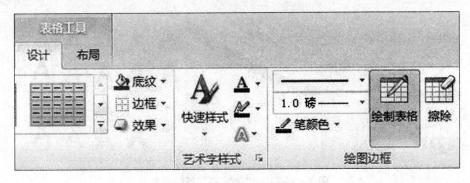

图 3 – 3 – 18　手绘表格

3. 插入 Excel 表格

在演示文稿中可以插入 Excel 表格，从而完成公式的计算、数据的分析。

选中幻灯片，选择"Excel 电子表格"命令，在幻灯片中插入 Excel 表格，可以将鼠标指针放在 Excel 表的八个控点上，当鼠标指针变为上下或左右箭头时，如图 3 – 3 – 19 所示，拖动鼠标至适当位置，调整 Excel 表格大小，然后按照 Excel 表格的操作方法完成 Excel 表格的相关操作，完成操作后，在幻灯片的任意位置单击结束表格的编辑。

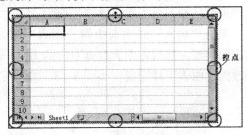

图 3 – 3 – 19　Excel 表格的控点

4. 删除表格

将鼠标指针放在表格边框处，当鼠标指针变为 ⊹ 时，单击，选中表格，如图 3 – 3 – 20 所示，按 Delete 键，删除表格。

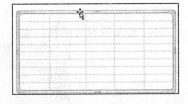

图 3 – 3 – 20　删除表格

3.3.5.4　插入艺术字

在演示文稿中，艺术字的插入方法及格式的设置方法与 Word 2010 相同，插入时单击"插入"选项卡中的"艺术字"按钮，在下拉列表中选择艺术字的样式，然后输入文字。插入的艺术字可以通过"绘图工具 – 格式"中的选项组按钮完成格式的设置，如图 3 – 3 – 21 所示。

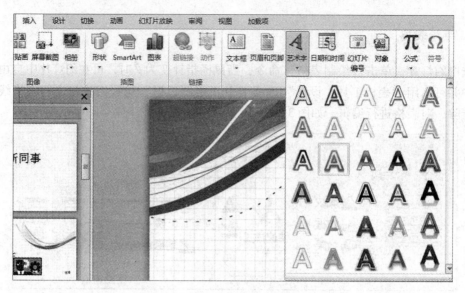

图 3-3-21 "艺术字"下拉列表

3.3.5.5 插入图表

为了更直观地反映数据之间的联系及变化趋势,可以在幻灯片中插入图表,使观看者对数据的认知一目了然,增强说明力。

单击"插入"选项卡中的"图表"按钮,在弹出的"插入图表"对话框中选择插入图表的类型,然后在图表数据对应的 Excel 表格中输入图表的相关内容。幻灯片中图表的修改通过图表工具完成,如图 3-3-22 所示。

图 3-3-22 图表工具

例:插入图表为簇状柱型图,图表的数据如图 3-3-23 所示。

	电视机	冰箱	洗衣机
美的	20	12	30
海尔	25	15	16

图 3-3-23 图表的数据

在幻灯片中插入图表的操作步骤如下。
(1) 选中幻灯片。
(2) 单击"插入"选项卡中的"图表"按钮,在弹出的"插入图表"对话框中,选择图表的类型为簇状柱型图,单击"确定"按钮,如图 3-3-24 所示。

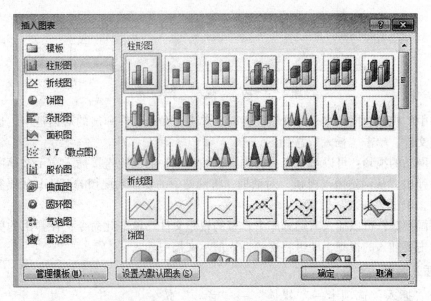

图 3-3-24 "插入图表"对话框

(3) 在弹出的 Excel 表中输入图 3-3-23 所示的数据,结果如图 3-3-25 所示。

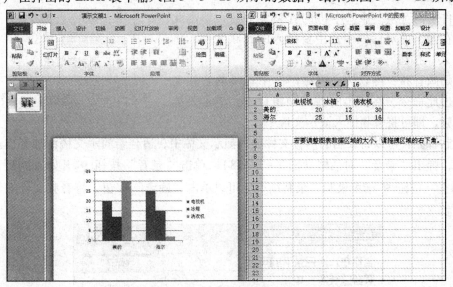

图 3-3-25 输入数据结果

3.3.5.6 插入影片及声音文件

PowerPoint 2010 中不仅可以插入图片、图表、艺术字,还可以插入视频及音频文件,使得幻灯片更加生动。

1. 插入视频

单击"插入"选项卡→"媒体"→"视频"按钮,在下拉列表中根据视频所在位置选择不同的插入命令,如图 3-3-26 所示。

图3-3-26 "视频"下拉列表

文件中的视频：插入本机的视频文件时，单击此命令，在弹出的对话框中，选中要插入的视频文件，单击"插入"按钮。

来自网站的视频：可以将土豆、优酷等视频网站中的视频直接插入演示文稿中，单击此命令，弹出"从网站插入视频"对话框，将网站中的要插入视频的HTML代码复制到该对话框中，单击"插入"按钮。

剪贴画视频：可以插入剪贴画库中自带的视频文件。单击此命令，在弹出的剪贴画窗口中，单击要插入的视频，即可将视频插入演示文稿中。

2. 插入音频

单击"插入"选项卡→"媒体"→"音频"按钮，在下拉列表中，根据音频所在位置选择不同的插入命令，如图3-3-27所示。

文件中的音频：插入本机的音频文件时，单击此命令，在弹出的对话框中选中要插入的音频文件，单击"插入"按钮。

剪贴画音频：可以插入剪贴画库中自带的音频文件。单击此命令，在弹出的剪贴画窗口中，单击要插入的音频，即可将音频插入演示文稿中。

图3-3-27 "音频"下拉列表

录制音频：可以将录制的声音文件插入演示文稿中，适合给演示文稿添加旁白。选择此命令，弹出"录音"对话框（图3-3-28），单击"录音"按钮 ● 开始录制声音，单击"停止"按钮 ■ 结束录制，录制结束后可以单击"确定"按钮，将音频文件插入演示文稿中。

图3-3-28 "录音"对话框

3. 视频及音频的编辑

在PowerPoint 2010中提供了对视频及音频简单的编辑工具，选中视频或音频，通过视频工具或音频工具对视频或音频进行剪辑，设置开始和结束的时间、播放方式、淡化效果等，如图3-3-29所示。

图 3-3-29　视频工具

3.3.5.7　插入动作按钮

在播放幻灯片时，为了控制幻灯片的播放顺序，可以在幻灯片中插入动作按钮，实现幻灯片之间的跳转。

操作方法如下：

单击"插入"选项卡中的"形状"按钮，在下拉列表中选择要插入的动作按钮，当鼠标指针变为┼时，拖动鼠标至合适大小，插入动作按钮，同时弹出"动作设置"对话框，在对话框中选择超链接，确定单击幻灯片时跳转的位置，也可以勾选"播放声音"复选框，在下拉列表中设置单击时的声音，如图 3-3-30 所示。

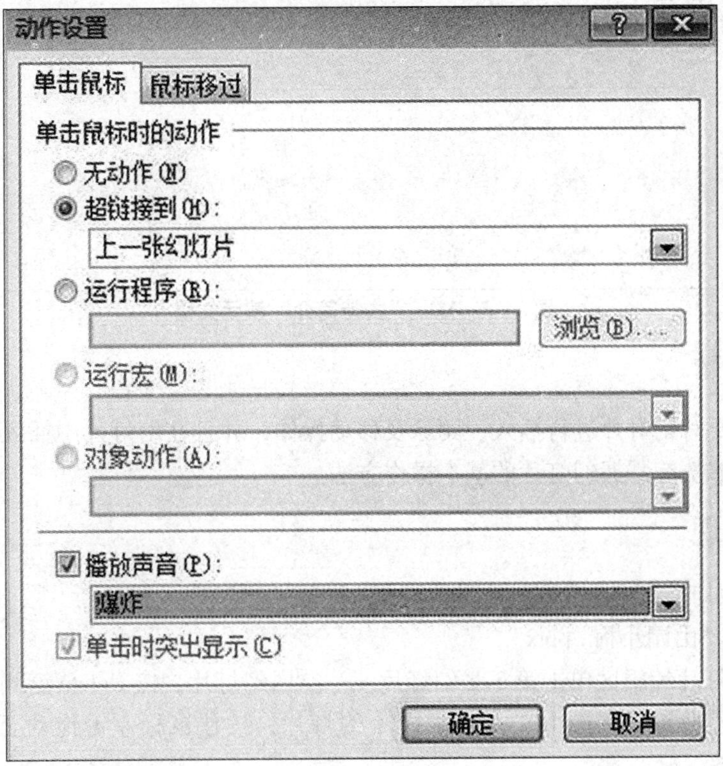

图 3-3-30　设置动作按钮

任务设计

实例 16

以"山园小梅.pptx"为素材做如下操作。

（1）删除空白幻灯片。

（2）将"古诗翻译"移动到"古诗原文"后。

（3）在"作者简介"后插入幻灯片"古诗简介"，内容如图 3-3-31 所示。

（4）在"古诗原文"幻灯片中插入图片"梅.jpg"。

最终效果见"山园小梅效果.pptx"。

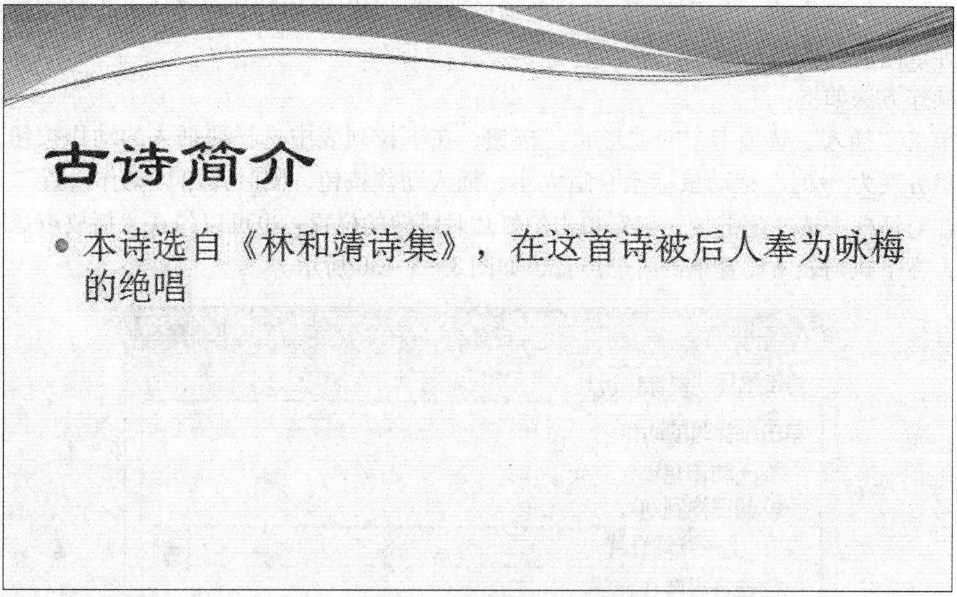

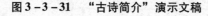

图 3-3-31　"古诗简介"演示文稿

任务分析

本任务需要对幻灯片进行插入、删除及移动操作，并且在幻灯片中插入图片，通过本任务的练习能够熟练掌握幻灯片的基本操作方法。

任务实现

操作步骤如下。

（1）打开"山园小梅.pptx"。

（2）在幻灯片编辑区单击第 3 张幻灯片——空白幻灯片，按 Delete 键删除幻灯片。

（3）在幻灯片编辑区选中"古诗翻译"幻灯片，按住鼠标左键拖动至"古诗原文"幻灯片后，释放鼠标左键。

（4）在幻灯片编辑区选中"作者简介"幻灯片，单击"开始"选择项卡中的"新建幻灯片"右侧的下三角按钮，在下拉列表中选择版式"标题与内容"，分别在标题和内容处输入图 3-3-31 所示的内容。

（5）在幻灯片编辑区选中"古诗原文"，单击"插入"选项卡中的"图片"按钮，在弹出的"插入图片"对话框中确定图片位置，选中"梅.jpg"，如图3-3-32所示，单击"插入"按钮。

图3-3-32 "插入图片"对话框

（6）选中图片，调整图片大小，效果如图3-3-33所示。

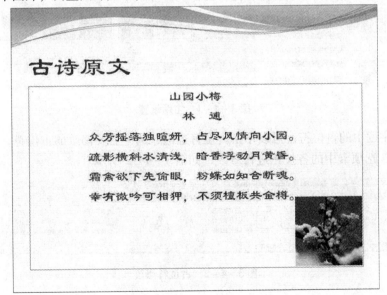

图3-3-33 插入图片效果

（7）单击"保存"按钮，保存演示文稿，最终效果见"山园小梅效果.pptx"。

3.4 美化演示文稿

知识储备

改变背景颜色、主题等幻灯片的外观元素，在幻灯片中应用动画效果，可以使幻灯片颜色与演示文稿内容相结合，与演播环境及演播氛围相适应，更能达到演示文稿的播放效果。

3.4.1 幻灯片配色方案的设置

PowerPoint 2010 内部有不同的配色方案，每一种配色方案都有不同的主题、颜色、字体、效果及背景样式等。每一种主题可以应用于选中的幻灯片，也可以应用于整个演示文稿，可以通过"设计"选项卡设置。设置方法如下：

选中幻灯片，选择"设计"选项卡，选择需要的主题样式，右击确定主题应用的范围，可以应用于选定的幻灯片，也可以应用于所有幻灯片，还可以通过颜色、字体、效果的下拉列表对选定主题进行修改，如图 3-4-1 所示。

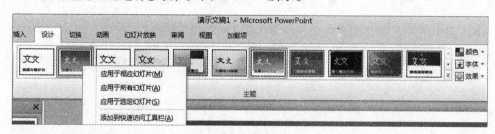

图 3-4-1 主题设置

要修改主题中的占位符，可以单击占位符边框，选中需要修改的占位符，应用"绘图工具-格式"选项卡中的各按钮进行修改，如图 3-4-2 所示。

图 3-4-2 占位符修改

3.4.2 背景样式设置

主题的背景样式可以在"背景样式"下拉列表中选择自带的样式进行更改，也可以通过"设置背景格式"命令,在弹出的"设置背景样式"对话框中根据需要自定义,如图 3-4-3 和图 3-4-4 所示。

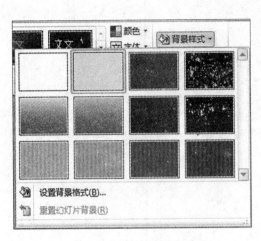

图 3-4-3　内置背景样式

图 3-4-4　"设置背景格式"对话框

3.4.3　幻灯片的切换效果

一张幻灯片切换到下一张幻灯片时,可以采用多种切换方式,并且可以加入声音效果,这些切换效果可以使演示文稿的播放更加生动。

选中幻灯片,选择"切换"选项卡,在"切换到此幻灯片"选项组中选择切换效果,并可以在效果选项中设置切换的方向或颜色,如图 3-4-5 所示。

图 3-4-5　幻灯片之间的切换效果

幻灯片切换时还可以设置切换的声音效果,选择"切换"选项卡,在"声音"下拉列表中选择切换的声音效果,如图 3-4-6 所示。

幻灯片切换的时间由"持续时间"按钮控制,可以调整时间,控制切换速度,满足播放的需要;也可以设置自动换片时间实现定时播放。如幻灯片以单击作为换片方式,则勾选"单击鼠标时"复选框。如果切换效果不满意,可以在各选项中选择"无",然后单击"全部应用"按钮,即完成无切换效果状态。

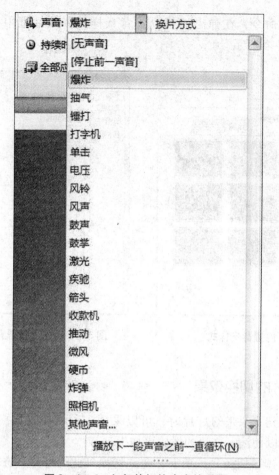

图 3-4-6 幻灯片切换声音的设置

3.4.4 应用动画

PowerPoint 2010 不仅可以设置幻灯片之间的切换效果,还可以为每个幻灯片的文字、图片、艺术字等添加动画方案。

选中需要设置动画的元素,如文字、图片等,单击"动画"选项卡中"动画"选项组中的动画效果,在此基础上可以设置"效果选项",如图 3-4-7 所示。

图 3-4-7 动画设置

也可以选定动作后,单击"动画对话框启动器"按钮,在弹出的对话框中更详细地设置动画,如声音等。"飞入"动作对话框如图 3-4-8 所示。

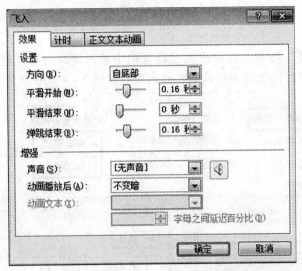

图 3-4-8 "飞入"动作对话框

单击"动画"选项组中的"无",则取消所选元素的动画设置。

3.4.5 自定义动画

除在"动画"选项组设置动画外,还可以通过"添加动画"给幻灯片的元素增加更丰富多彩的动画设置,如图 3-4-9 所示。

图 3-4-9 "添加动画"下拉列表

动画设置后,可以应用"计时"选项组的各按钮设置动画开始时间、持续时间以及延迟时间。

单击"动画窗格"按钮,在弹出的动画窗格中选择动画对象,利用对动画"重新排序"选项组的按钮可以调整动画播放的先后顺序,如图 3-4-10 所示。

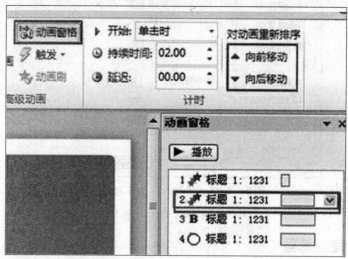

图 3-4-10　调整动画播放的先后顺序

任务设计

实例 17

以"山园小梅效果.pptx"为素材,做如下操作:

(1) 设置"古诗简介"的主题为"暗香扑面",背景样式设置为艺术效果"画图刷",单击"关闭"按钮。

(2) 设置第 2~5 张幻灯片的切换效果分别为擦除、溶解、平移和切出,第 2 张幻灯片设置切换声音为"微风",切换时间为 01.30,擦除效果设置为"自底部"。

(3) 设置第 1 张幻灯片标题动画为"劈裂",效果为"从左右向中央收缩",副标题"林逋"添加动作为"淡出"。

最终效果见"山园小梅动画效果.pptx"。

任务分析

本任务需要更改幻灯片的主题、背景样式,设置幻灯片的切换效果,并为第 1 张幻灯片添加动画,通过本任务应熟练掌握美化演示文稿的方法。

任务实现

操作步骤如下:

(1) 打开"山园小梅效果.pptx"。

(2) 在幻灯片编辑区选中第 3 张幻灯片"古诗简介",选择"设计"选项卡,在"主题"选项组中选择主题"暗香扑面",右击,在弹出的快捷菜单中选择"应用于选定幻灯片"命令,效果如图3-4-11所示。

图3-4-11 应用主题"暗香扑面"效果

(3)单击"设计"选项卡中的"背景样式"按钮,在下拉列表中选择"设置背景格式"命令,在弹出的"设置背景格式"对话框中进行设置,如图3-4-12所示。

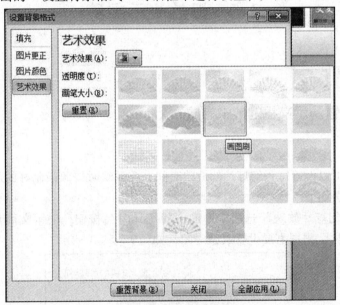

图3-4-12 "设置背景格式"对话框

(4)在幻灯片编辑区选中第2张幻灯片,选择"切换"选项卡,在"切换到此幻灯片"选项组中选择"擦除"效果,单击"效果选项"按钮,在下拉列表中选择"自底部",声音选择"微风",时间输入"01.30",依次选择第3~5张幻灯片,切换方式选择溶解、平移和切出。

(5)选中第1张幻灯片中主标题的文本框,如图3-4-13所示。

图 3-4-13 选中主标题

(6) 选择"动画"选项卡"动画"选项组中的"劈裂"效果,单击"效果选项"按钮,在下拉列表中选择"左右向中央收缩",选中副标题"林逋"文本框,单击动画"淡出"。

(7) 单击"保存"按钮,最终效果见"山园小梅动画效果.pptx"。

3.5 播放演示文稿

■ 知识储备

3.5.1 设置演示文稿的放映方式

1. 计时排练

计时排练指可以设置每张幻灯片的放映时间,在放映时按照录制好的放映时间自动播放,它的设置方法如下:

(1) 单击"幻灯片放映"选项卡中的"排练计时"按钮,演示文稿开始放映,并出现"录制"工具栏,根据需要设置放映时间,如图 3-5-1 所示。

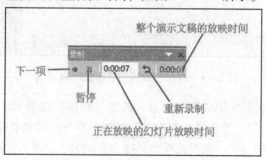

图 3-5-1 "录制"工具栏

(2) 放映结束，在弹出的对话框中，设置是否保存该计时排练结果，如图 3-5-2 所示。

图 3-5-2 保存计时排练信息提示框

(3) 计时排练的放映方式。单击"设置幻灯片放映方式"按钮，弹出"设置放映方式"对话框，在"换片方式"选项组中点选"如果存在排练时间，则使用它"单选按钮，单击"确定"按钮，如图 3-5-3 所示。

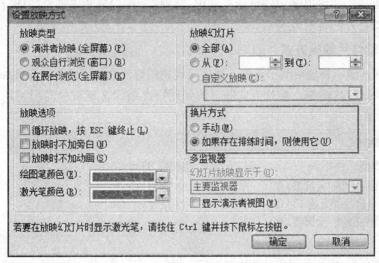

图 3-5-3 设置计时排练的放映方式

2. 录制幻灯片演示

"录制幻灯片演示"功能与"计时排练"的功能基本相同，该功能不仅可以录制幻灯片的计时，还可以录制旁白和激光笔，实现声音与演示文稿的结合，使演示文稿能够脱离演讲者自动播放，此外该按钮还能清除幻灯片中的计时和旁白，如图 3-5-4 所示。

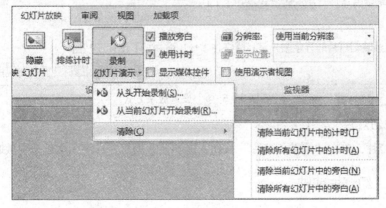

图 3-5-4 "录制幻灯片演示"按钮

录制幻灯片演示的操作步骤如下：

（1）单击"录制幻灯片演示"按钮，在下拉列表中根据需要选择"从头开始录制"或者"从当前幻灯片开始录制"。

（2）在弹出的"录制幻灯片演示"对话框中，根据需要选择录制内容，单击"开始录制"按钮，如图3-5-5所示。

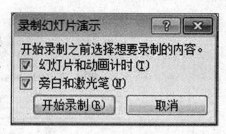

图3-5-5 "录制幻灯片演示"对话框

（3）幻灯片进入放映状态，使用"录制"工具栏完成录制。

录制结束后，还可以选定幻灯片，利用"清除"按钮清除不满意的计时或者旁白，或者清除所有幻灯片的计时或旁白。

3. 设置幻灯片放映方式

根据不同的演示环境及演示需求，通过"设置幻灯片放映方式"按钮选择放映类型、放映选项、放映幻灯片范围、换片方式等，达到用户在演示文稿放映时所需的预期效果，如图3-5-6所示。

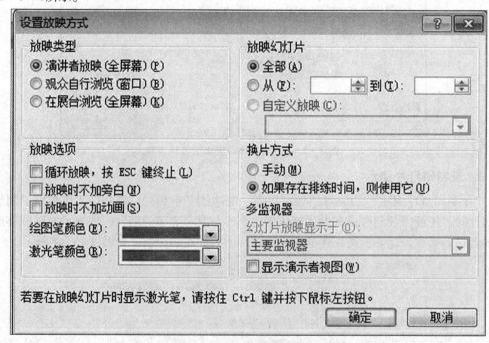

图3-5-6 设置放映方式

4. 隐藏幻灯片

选定幻灯片，单击"隐藏幻灯片"按钮，能够使该幻灯片在演示文稿全屏放映时不显示。

3.5.2 幻灯片放映

幻灯片放映可以从头开始放映，也可以从当前幻灯片开始或者自定义幻灯片的放映顺序，用户可以根据需要单击对应的播放按钮，如图 3-5-7 所示。

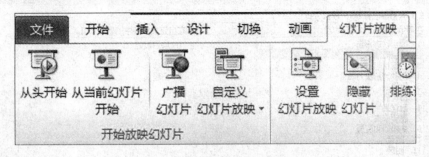

图 3-5-7　幻灯片放映按钮

1. 从头开始

单击"从头开始"按钮（也可按 F5 键），则从第 1 张演示文稿演示。

2. 从当前幻灯片开始

选择开始播放的第 1 张幻灯片，单击"从当前幻灯片开始"按钮，则从选定的幻灯片开始演示。

3. 自定义幻灯片放映

幻灯片的放映顺序可以通过"自定义幻灯片放映"按钮设定。

（1）单击该按钮，在弹出的"自定义放映"对话框中，单击"新建"按钮，如图 3-5-8 所示。

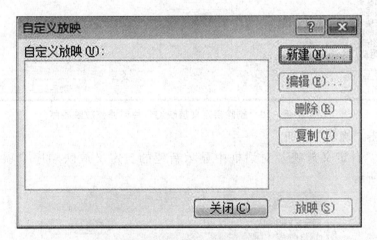

图 3-5-8　新建自定义放映

（2）在弹出的"定义自定义放映"对话框中设置幻灯片放映名称，在左侧"在演示文稿中的幻灯片"列表中选择要放映的幻灯片，单击"添加"按钮，添加到"在自定义放映中的幻灯片"列表中，如图 3-5-9 所示。

— 209 —

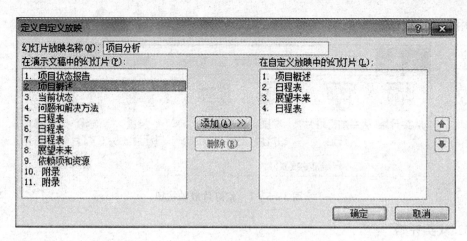

图3-5-9 在自定义放映中添加幻灯片

(3)"在自定义放映中的幻灯片"列表中选择幻灯片,可以通过"删除"按钮删除不需要放映的幻灯片,也可以通过上下箭头调整所选幻灯片的放映顺序,如图3-5-10所示。

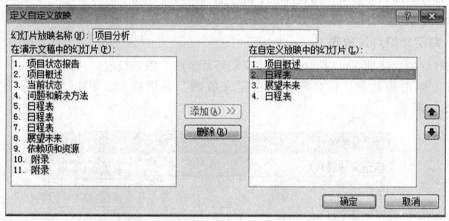

图3-5-10 删除自定义放映幻灯片或调整放映顺序

(4)单击"确定"按钮。

(5)在"自定义放映"对话框中显示新建的自定义放映顺序"项目分析",如图3-5-11所示。

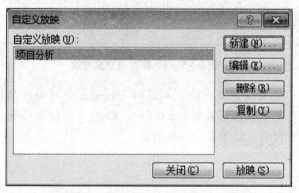

图3-5-11 "自定义放映"对话框

（6）单击"放映"按钮放映幻灯片，如果对放映结果不满意，还可以通过"编辑"按钮重新编辑放映顺序，通过"删除"按钮删除选定的自定义放映以及用"复制"按钮复制一个自定义放映。

4. 结束放映

在放映过程中，可以按 Esc 键结束放映；也可右击，在弹出的快捷菜单中选择"结束放映"命令。

5. 幻灯片放映过程中的设置

在幻灯片放映过程中，不仅可以根据需要选定放映的幻灯片，还可以用鼠标对幻灯片上的信息进行标注，从而引起观看者的注意，这些功能通过在放映过程中单击鼠标右键的快捷菜单完成。

（1）通过下一张、上一张、定位至幻灯片、转到节或者自定义放映等几个命令，实现幻灯片放映位置的跳转，如图 3-5-12 所示。

图 3-5-12　快捷菜单中实现幻灯片跳转的命令

（2）选择"指针选项"→"笔"或"荧光笔"确定笔型，通过"墨迹颜色"设置墨迹的颜色，然后按住鼠标左键在需要标注的位置标注信息，如图 3-5-13 所示。

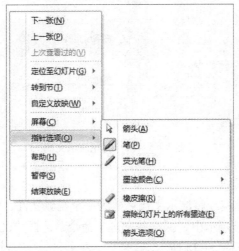

图 3-5-13　墨迹的设置

(3) 激光笔。在演示文稿放映时，按住 Ctrl 键的同时，按住鼠标左键能使光标指针变成激光笔的效果，为演示者在演示时强调重点提供了便利。

3.5.3　打包演示文稿

设置完的演示文稿可以利用"文件"选项卡的"保存并发送"命令创建视频或者打包成 CD，使它在其他未安装 Microsoft PowerPoint 2010 的机器上放映，如图 3 – 5 – 14 所示。

图 3 – 5 – 14　打包演示文稿

1. 创建视频

PowerPoint 2010 能够实现将演示文稿创建为一个视频文件，操作步骤如下：

(1) 选择"文件"选项卡中"保存并发送"命令，选择"文件"→"保存并发送"→"创建视频"命令，如图 3 – 5 – 15 所示。

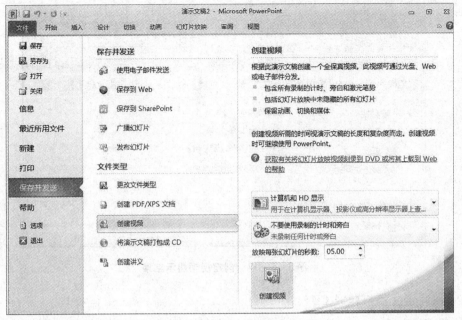

图 3-5-15 创建视频

（2）在 Backstage 视图中设置创建视频的相关参数，如放映每张幻灯片的时间、视频的显示位置等，然后单击"创建视频"按钮，弹出"另存为"对话框，选择视频的保存位置，单击"保存"按钮，如图 3-5-16 所示。

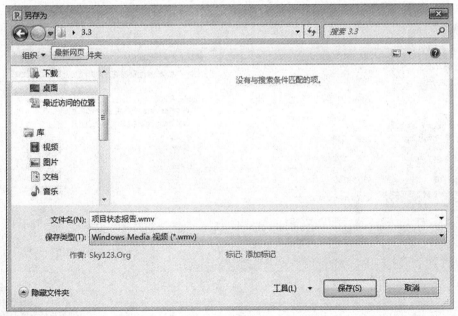

图 3-5-16 "另存为"对话框

（3）在幻灯片页面状态栏显示视频创建进度。
（4）在所保存的文件夹出现创建的视频，创建视频显示结果如图 3-5-17 所示。

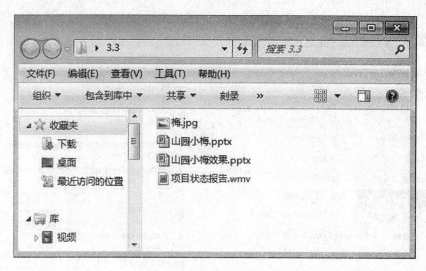

图 3-5-17　创建视频显示结果

2. 将演示文稿打包成 CD

在没有安装 PowerPoint 2010 的计算机上观看演示文稿除了创建视频的方法外，还可以将 PowerPoint 2010 的播放器连同演示文稿一同打包，刻录到 CD 光盘或存储到其他移动存储设备或网络位置中，操作步骤如下：

（1）选择"文件"→"保存并发送"→"将演示文稿打包成 CD"命令，单击"打包成 CD"按钮，如图 3-5-18 所示。

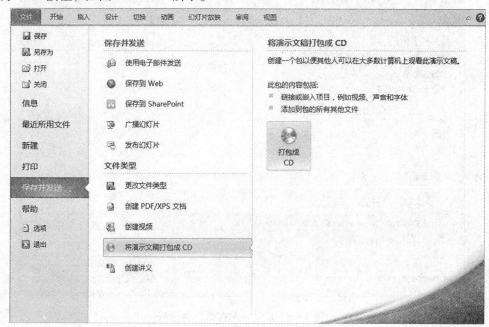

图 3-5-18　将演示文稿打包成 CD

（2）在弹出的"打包成 CD"对话框中选择要打包的文件，也可单击"添加"或"删除"按钮增加或减少需要打包的文件,如图 3-5-19 所示。

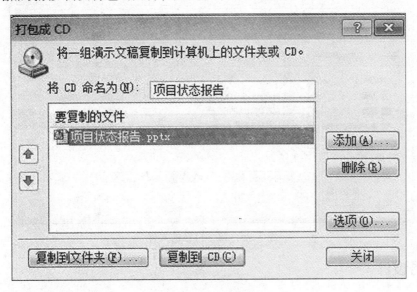

图 3-5-19 选择打包文件

(3) 单击"复制到文件夹"按钮,在弹出的"复制到文件夹"对话框中选择保存的位置,单击"确定"按钮,如图 3-5-20 所示。

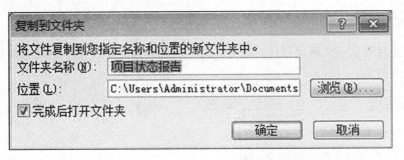

图 3-5-20 选择打包文件的保存位置

(4) 通过单击"是"或"否"按钮确定是否包含演示文稿中的链接,在弹出的关于墨迹等说明对话框中单击"继续"按钮,如图 3-5-21 所示。

图 3-5-21 对于墨迹等信息不包含在数据包中的说明

(5) 在对应的文件夹中显示打包的文件,如图 3-5-22 所示。

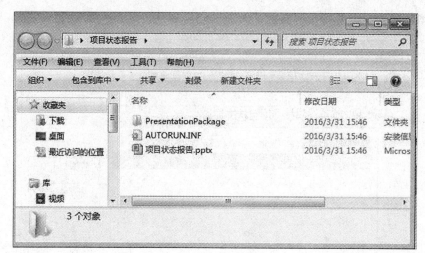

图 3-5-22 打包的文件

任务设计

实例 18

将"山园小梅动画效果.pptx"进行计时排练，将放映时间设为 19 秒，1~5 张幻灯片的演示时间分别为 7 秒、1 秒、2 秒、6 秒、3 秒，并将该演示文稿打包成视频。

任务分析

本任务通过对演示文稿进行计时排练并打包成视频的操作，使用户熟练掌握播放演示文稿及打包的方法。

任务实现

操作步骤如下：

（1）打开"山园小梅动画效果.pptx"。

（2）选中第 1 张幻灯片，单击"幻灯片放映"选项卡中的"排练计时"按钮，开始计时，当第 1 张幻灯片计时为 7 秒时，单击下一张幻灯片，使剩余幻灯片的演示时间分别为 1 秒、2 秒、6 秒、3 秒，录制效果如图 3-5-23 所示。

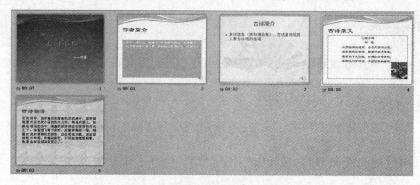

图 3-5-23 排练计时录制效果

(3) 选择"文件"选项卡中的"保存并发送"命令,进行图 3-5-24 所示的设置。

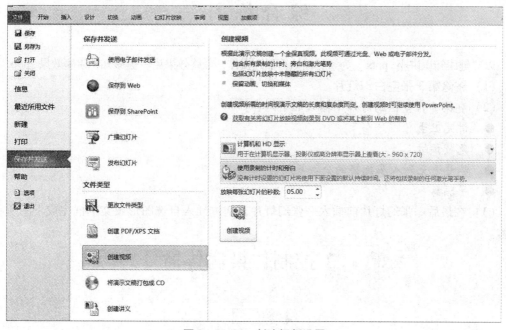

图 3-5-24 创建视频设置

(4) 单击"创建视频"按钮,确定存储位置及文件名,单击"保存"按钮,如图 3-5-25 所示。

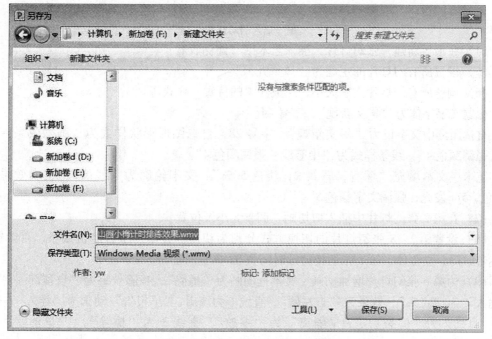

图 3-5-25 "另存为"对话框

(5) 最终效果见"山园小梅计时排练效果.wmv"。

综合练习

以"健康知识讲座.pptx"为素材，执行下列操作，最终效果见"健康知识讲座效果.pptx"。

(1) 删除第 3 张空白幻灯片。

(2) 在第 5 张空白幻灯片中输入如下内容：
- 讲究卫生
- 免疫预防
- 尽量避免到人多拥挤的公共场所
- 早隔离

(3) 在最后一张幻灯片前插入一张幻灯片，通过插入自选图形及文本框完成下图所示内容。

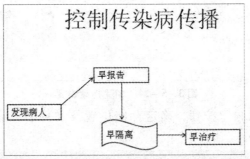

图　插入的幻灯片

(4) 在最后新建一张幻灯片，插入艺术字"谢谢收看！"。

(5) 设置所有幻灯片的主题为"凤舞九天"。

(6) 调整所有幻灯片文字大小、组成元素的位置、样式等。

标题文字字体为"华文新魏"，字号 44。

自选图形中文字设为"华文新魏"，字号 28，自选图形形状样式为"强烈效果－青色，强调颜色 4"，线条样式为"中等线－强调颜色 4"。

艺术字文本填充"深青，背景 2，淡色 50%"，文本轮廓为"浅绿"，文本效果为"蓝色，5pt 发光，强调文字颜色 5"。

(7) 在第 2 张幻灯片中插入剪切画，调整大小及位置。

(8) 设置第 2～8 张幻灯片的切换方式分别为切出、显示、垂直随机线条、百叶窗、传达带、门、立方体，第 8 张切换持续时间为 02.20。

(9) 为第 6 张幻灯片增加动画，文本框动画为"擦除"，擦除效果为"自顶部"，"发现病人"为"飞入"，效果为"自左侧"，直线 1 为淡出，"早报告"动画为"浮入——下浮"，直线 2 为"劈裂"，"早隔离"为"缩放"，直线 3 为"擦除"，"早治疗"为"飞入——右侧"。

(10) 创建视频，每张幻灯片放映的时间为 2 秒。